旅游教育教学丛书/冒超球主编；董家彪副主编

办公应用软件教程

商仲玉　主编

中山大学出版社
·广州·

图书在版编目（CIP）数据

办公应用软件教程/商仲玉主编. —广州：中山大学出版社，2010.9
（旅游教育教学丛书/冒超球主编；董家彪副主编）
ISBN 978 - 7 - 306 - 03745 - 9

I. 办… Ⅱ. 商… Ⅲ. 办公室 - 自动化 - 应用软件 - 教材 Ⅳ. TP317.1

中国版本图书馆 CIP 数据核字（2010）第 174880 号

出 版 人：祁 军
策　　划：尚雅工作室
责任编辑：邓启铜
责任校对：熊 蓉
责任技编：黄少伟
出版发行：中山大学出版社
电　　话：编辑部 (020) 84111996，84111997，84113349，84110776
　　　　　发行部 (020) 84110283，84111981，84111160
地　　址：广州市新港西路 135 号
邮　　编：510275　传真：(020) 84115892
网　　址：http://www.zsup.com.cn　E - mail：zdcbs@ mail. sysu. edu. cn
印　　刷：广东省茂名广发印刷有限公司
规　　格：787mm×1092mm　1/16
印　　张：18
字　　数：350 千字
版次印次：2010 年 9 月第 1 版　2010 年 9 月第 1 次印刷
定　　价：29.00 元

《旅游教育教学丛书》编委名单

主　编：冒超球

副主编：董家彪

编　委：（按姓氏笔画排序）

吴宁辉　张舒哲　林贤东　冒超球

黄伟钊　董家彪　曾小力

《旅游英语》

主　编：莫红英

餐饮服务与管理

主　编：邓　敏

调酒·茶艺

主　编：徐　明

办公应用软件教程

主　编：商仲玉

酒店客房服务

主　编：朱小彤

副主编：徐　明

总　序

在现代教育中，教材是教育思想的载体，是教学活动的基本依据，也是深化教育教学改革、全面推进素质教育和培养创新型人才的基本内容保证。

教育的理想是使人得到全面、自由的发展。人是教育的对象，教育的本质是实现人的价值的最大化。教育的基本功能是开发人的心智、促进人的身心发展。因此，任何教材都会在受教育者心灵和智慧成长过程中留下深深的痕迹。教材之重要性，不言而喻。

教育伴随着人的一生，而一个人接受终身教育成就的大小，往往取决于中学阶段前后教育的基础是否打牢。作为高中阶段的中等职业教育，应把社会文化效应放在第一位，以培养学生良好的可持续发展的综合素质为基础，让每一个学生，在成为合格的劳动者的同时，也得到自由的、全面的发展，这样才能真正体现职业教育的长远目标。目前那种打着"学一技之长"的旗号而忽视学生作为可持续发展的人所必需的基础教育的急功近利的现象应当坚决摒弃，真正的教育是通过德育培养人高贵的灵魂，通过智育培养人独立思考的头脑、获得知识的能力，通过美育培养人丰富的精神世界。一言以蔽之，职业教育，首先是人的终生发展问题，然后才是具体的岗位技能教育。

2004 年中山大学出版社组织编写并出版了一批旅游职业教育教材。这些教材对深化中等职业教育教学改革、提高教学质量起到了重要作用。但是也必须看到，任何教材都必须紧跟行业发展之步伐，及时总结客观实践之规律，如此，方可永葆活力。尤其近年来，迅猛发展的旅游业给旅游职业教育带来了巨大挑战和机遇，随着发展旅游业进入国家战略，发展旅游职业教育必然要进入国家战略的思考，如何将旅游职业教育做强做大，更好地为旅游产业发展服务，为新形势下的旅游业发展培养所需各类人才，是每一个旅游教育工作者所要思考的问题，而出版与时俱进的教材则是我们所做出的重要举措之一。

在这个背景下，中山大学出版社又组织编写了这套《旅游教育教学丛书》，该丛书是在国家教育部颁布的教学大纲指导下，根据国内外旅游业的最新实际需要而编写的，体现了编者对旅游业和旅游教育的深入思考和认识，具有实用性、时代性和终身教育性等特点，适用各类旅游中职学校作为教材，也部分适用于高职院校旅游专业教材。

随着旅游业上升为国家战略性支柱产业，旅游职业教育将承担起培养更多具有国际化视野、专业技能娴熟和服务意识良好的高素质旅游人才的重任。因此，加强教材建设，不断编辑和出版适合现代旅游业发展需要的，既有地方特色又能与国际市场接轨，既贴近市场又具有前瞻性的旅游教育教学系列丛书，并以此推动旅游教育的改革，培养出更多具有良好素质的旅游人才，乃是旅游教育工作者义不容辞的职责。

是为序。

2010 年 8 月 19 日于广东省旅游学校

前 言

    教程分为上下两册共七个模块：计算机基础、Internet应用、Word三个模块，Excel、Power Point、Outlook和Office综合应用四个模块。内容涵盖了全国计算机等级考试一级和国家办公应用职业技能考证中级所有知识点，并有所扩充。全书的七个模块既相互联系又各自独立，既可以按顺序进行教学，也可以灵活方便地根据需要自行调节学习顺序。

    教程尽量减少文字的抽象描述，更多地使用直观的图片进行知识点的展示和操作步骤的说明，方便学生学习。在教程中有大量的操作实训任务，实训任务的题材贴近生活、贴近学生、贴近实际，生动活泼，能有效地激发学生的学习兴趣，让学生能够在完成操作实训任务的同时，体验收获的喜悦，增强学习的自信心。

    教程主要面向旅游院校非计算机专业的办公软件应用课程教学，也可用于其他高职高专非计算机专业或高中信息技术课程的教学，还可作为所有旅游从业人员自学办公应用软件的得力助手。

    教程模块一由许小青编写，模块二由卓裕义编写，模块三由徐国亮编写，模块四由郭名锦编写，模块五由郭敏烨编写，模块六、模块七由商仲玉编写。商仲玉担任主编并负责全书的统稿工作。

    由于我们的水平有限，时间仓促，书中有很多不够完善的地方，欢迎各位读者及专家不吝赐教。

编 者

2010年6月

目 录

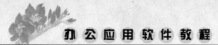

第 1 章 计算机基础

1.1 计算机入门

用户在操作Windows时，接触最多的便是其桌面、窗口、开始菜单和任务栏等，我们首先要学会如何设置它们。另外，我们在使用电脑处理文档或上网聊天，都要使用键盘进行输入，因此，我们还要学习键盘的使用方法。

1.1.1 Windows XP 桌面

Windows桌面可以设置桌面主题、屏幕背景、屏幕保护程序、窗口外观以及设置显示颜色等。其中桌面主题也就是风格，风格可以定义的内容是大家在Windows里所能看到的一切。例如窗口的外观、字体、颜色、按钮的外观等等。一个电脑主题里风格就决定了大家所看到的Windows的样子。下面我们来学习桌面的基本设置方法。

✿ 使用文件：背景1.jpg

☞ 操作步骤

（1）在桌面上右击鼠标，选择"属性"，打开"显示属性"对话框。

（2）单击"主题"选项卡，在"主题"项目下作主题的更改，如图1-1所示。

（3）点击"桌面"选项卡，在"背景"项目下单击"浏览"按钮，选择电脑中的"背景1.jpg"图片，作为自己的桌面背景。

（4）使用Windows时，如果在某一指定的时间没有任何操作，保护程序可以设置屏幕保护，修改等待时间，在必要时还可以设置密码保护，如图1-2所示。

（5）单击"外观"选项卡，可以进行窗口和按钮样式的设置，色彩方案的设定，窗口和对话框字体大小的设置等等。如图1-3所示。

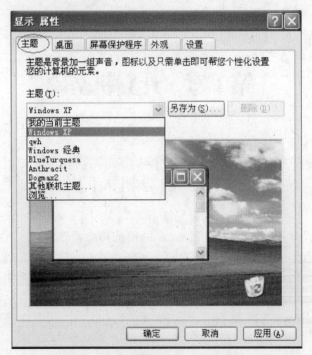

图 1-1

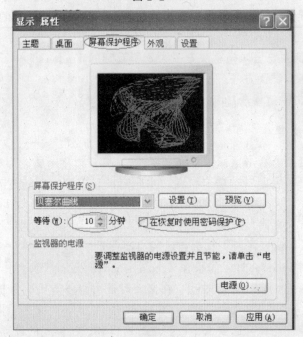

图 1-2

图 1-3

(6) 单击"设置"选项卡，可以设置屏幕分辨率，分辨率越大，清晰度愈高，屏幕所能容纳的信息就愈多。

1.1.2 窗口的基本操作

窗口是Windows基本的表现形式。窗口分为标准窗口（简称窗口）和对话窗口（又称对话框）。其中标准窗口又分为应用程序窗口和文档窗口。应用程序窗口的组成和形式基本相同。下面我们来学习窗口的基本操作。

☞ 操作步骤

(1) 在桌面上"我的电脑"图标上右击鼠标，在弹出的菜单中选择"资源管理器"，即可打开Windows的资源管理器。

(2) 单击窗口右上角的"最小化"按钮，可以把窗口进行最小化操作，即窗口变成"任务栏"上的一个图标。单击"最大化/还原"按钮，可以最大化或还原窗口，最大化，即窗口占满整个屏幕，还原则用于恢复原大小。单击"关闭"按钮则关闭当前窗口。如图1-4所示。

(3) 标题栏是标识窗口，提供附加信息，如给出正在处理的文件名等。标题栏还可以对窗口进行移动的操作，如：把窗口还原，可对窗口进行排列，在窗口的标题栏处按下鼠标左键不放，拖动鼠标，可移动当前窗口并与其它窗口进行排列。

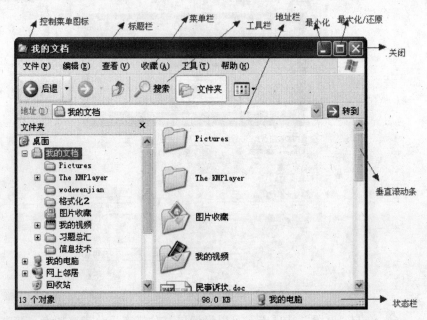

图 1-4

（4）菜单栏显示菜单标题，通过它可以访问菜单中的命令。每个应用程序具有不同的菜单标题，但访问这些菜单的方法是完全相同的。如：单击菜单栏中"编辑"菜单，出现下拉菜单，在下拉菜单中选择"全部选定"，即可选中当前窗口中的所有文件或文件夹。

（5）窗口的另一类为对话窗口，它是由标题栏、菜单、帮助按钮、关闭按钮及各种选项组成，用户和计算机一般通过对话窗口进行交互式操作。如：在"我的电脑"窗口中，选择"工具"菜单中的"文件夹选项"命令，弹出"文件夹选项"对话框。

1.1.3　键盘操作与指法

大家都知道，键盘是计算机系统的重要输入设备，各种中文、英文、符号以及计算机程序都是由键盘输入的，我们可以通过键盘对计算机进行各种操作。

1.1.3.1 键盘的键位分布及功能

键盘的键位分布，如图1-5所示。

键位的功能介绍，如表1-1所示。

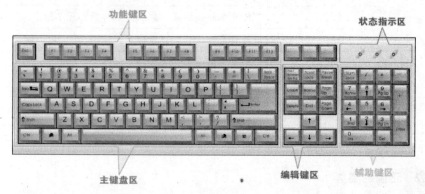

图 1-5

键位分组	键 名	功 能
数字键	0~9	输入数字
字母键	A~Z	输入大写字母或小写字母
符号键	+-*/,.:" 等	输入运算符和标点符号
空格键	空格键	输入空格
光标移动键	→↑←↓	移动光标或实现程序指定的功能
功能键	Enter (回车键)	确认命令行、数据行或文字行结束
	Esc （取消键）	中止程序执行
	Shift (上档键)	使同一键的上档符号有效或输入大小写英文字母
	Caps Lock	大小写字母输入转换
	Num Lock	使副键盘输入数字有效
	Insert 或 Ins	插入、改写转换
	←或 Backspace	删除光标前的一个字符
功能键	Delete 或 Del	删除光标所处位置的字符
	Home	左移光标至起始位置
	End	右移光标至结束位置
	Page Up 或 PgUp	向上翻一页
	Page Down 或 PgDn	向下翻一页

	键 名	功 能
功能键	Pause	暂停屏幕滚动，按任意键继续
	Print Screen	打印屏幕显示内容
	Tab	使光标间隔跳跃，跳跃的字符数由程序指定
	Ctrl	与其它键组合，完成特定操作
	Alt	与其它键组合，完成特定操作
	F1~ F12	键功能由程序指定

表 1–1

1.1.3.2 正确的姿势

开始打字之前一定要端正坐姿。如果坐姿不正确，不但会影响打字速度的提高，而且还会很容易疲劳，出错。正确的坐姿如图1-6所示。

图 1–6

（1）身体应保持笔直，稍偏于键盘右方。

（2）应将全身的重量置于座椅上，座椅要旋转到便于手指操作的高度，两脚平放。

（3）两肘轻轻贴于腋边，手指轻放于规定的字键上，手腕平直。人与键盘的距离，可移动座椅或键盘的位置来调节，以能保持正确的击键姿势为好。

（4）打字教材或文稿放在键盘的左边，或用专用夹，夹在显示器旁边。打字时眼观文稿，身体不要跟着倾斜。

1.1.3.3 正确的键入指法

（1）键盘的第二行为基准键，共8个，左右手的手指必须放在上面。以基准键为核心，其它的键沿折线与手指对应，如图1-7所示。

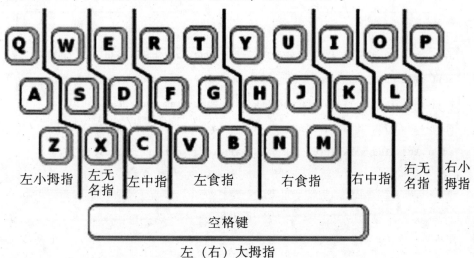

图1-7

（2）字键的击法：

手腕要平直，手臂要保持静止，全部动作仅限于手指部分（上身其他部位不得接触工作台或键盘）。

手指要保持弯曲，稍微拱起，指尖后的第一关节微成弧形，分别轻轻地放在字键的中央，两只大拇指自然地轻触空格键。

输入时，手指要严格遵守分工原则，手指上下两排击键后，一定要习惯性地回到基本键位，为下次击键做好准备。

输入过程中，要用相同的节拍轻轻地击键，不可用力过猛。眼睛不要看键盘，靠手指的触觉指到键位，养成盲打的习惯。

1.1.3.4 键盘应用基础训练

指法练习要循序渐进，先进行各单指击键练习，体会手指击键的角度、距离和"回位"感觉，熟悉键位分布。再进行多指协调练习，逐步提高击键的准确性和速度。发现输入错误，可使用"退格键"删除或使用有关的功能键进行插入和修改。

☞ **操作步骤**

(1) 打开记事本。

(2) 在记事本中，进行以下基准键练习，如图1-8所示。

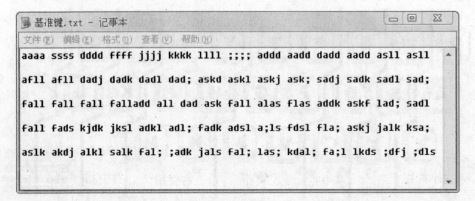

图 1-8

(3) 其他字符键位练习，如图1-9所示。

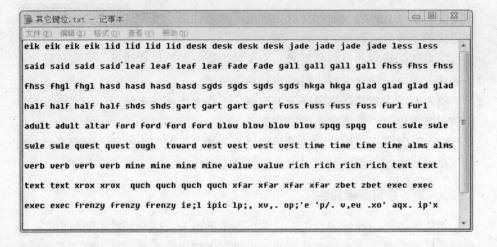

图 1-9

(4) 数字键及符号键练习，如图1-10所示。

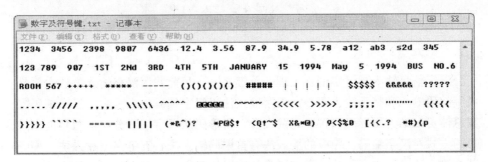

图 1-10

(5) 综合练习，如图1-11所示。

(6) 以"指法练习.txt"为名，将此文件保存。

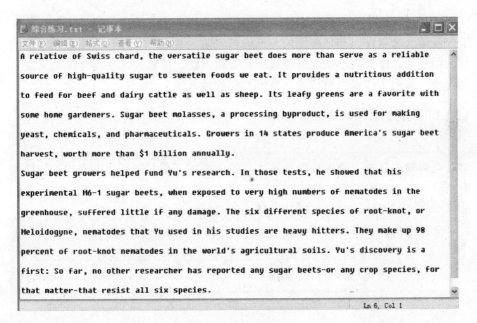

图 1-11

1.2 汉字录入

汉字信息输入是汉字信息处理的关键之一，目前我国汉字输入方法主要是汉字编码输入和整字输入两种。汉字输入法以汉字编码输入为主，汉字编码方案总体可归结为拼形码和拼音码两大类。拼形码从汉字字形分解形状角度以拼形的方式对汉字编码。相应的输入法有首尾码输入法、五笔字型输入法、偏旁部首输入法等。拼音码从汉字的读音角度以拼音方式对汉字编码，相应的输入法有搜狗拼音输入法、双拼输入法、全拼输入法等。下面我们分别介绍搜狗拼音输入法和五笔字型输入法。

1.2.1 搜狗拼音输入法

搜狗拼音输入法（简称搜狗输入法、搜狗拼音）是搜狐公司推出的一款汉字拼音输入法软件，是目前国内主流的拼音输入法之一。号称是当前网上最流行、用户好评率最高、功能最强大的拼音输入法。搜狗输入法与传统输入法不同的是，采用了搜索引擎技术，是第二代的输入法。

1.2.1.1 搜狗拼音输入法原则

Ⅰ.全拼

全拼输入是拼音输入法中最基本的输入方式。你只要用Ctrl+Shift键切换到搜狗输入法，在输入窗口输入拼音即可输入。然后依次选择你要输入的字或词即可。你可以用默认的翻页键"逗号（,）句号（。）"来进行翻页。

全拼模式：如图1-12所示。

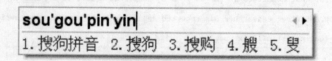

图 1-12

Ⅱ.简拼

简拼是输入声母或声母的首字母来进行输入的一种方式，有效地利用简拼，可以大大地提高输入的效率。搜狗输入法现在支持的是声母简拼和声母的首字母简拼。例如：你想输入"张靓颖"，你只要输入"zhly"或者"zly"都可以输入"张靓颖"。

同时，搜狗输入法支持简拼全拼的混合输入，例如：你输入"srf""sruf""shrfa"都是可以得到"输入法"的。有效地用声母的首字母简拼可以提高输入效率，减少误打，例如，你输入"指示精神"这几个字，如果你输入传统的声母简拼，只能输入"zhshjsh"，需要输入的多而且多个h容易造成误打，而输入声母的首字母简拼"zsjs"能很快得到你想要的词。

简拼模式1：如图1-13所示。

z's'j's

1. 指示精神　2. 在世界上　3. 知识竞赛　4. 转瞬即逝　5. 在设计上

图1-13

简拼模式2：如图1-14所示。

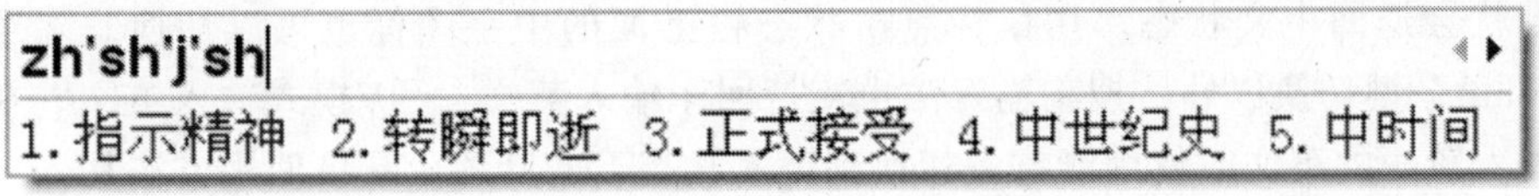

zh'sh'j'sh

1. 指示精神　2. 转瞬即逝　3. 正式接受　4. 中世纪史　5. 中时间

图1-14

还有，简拼由于候选词过多，可以采用简拼和全拼混用的模式，这样能够兼顾最少输入字母和输入效率。例如，你想输入"指示精神"你输入"zhishi-js"、"zsjingshen"、"zsjingsh"、"zsjingsh"、"zsjings"都是可以的。打字熟练的人会经常使用全拼和简拼混用的方式。

Ⅲ. 模糊音

模糊音是专为对某些音节容易混淆的人所设计的。当启用了模糊音后，例如sh<-->s，输入"si"也可以出来"十"，输入"shi"也可以出来"四"。搜狗支持的模糊音有：

声母模糊音：s <--> sh, c<-->ch, z <-->zh, l<-->n, f<-->h, r<-->l, 韵母模糊音：an <-->ang, en <-->eng, in <-->ing, ian <-->iang, uan <--> uang。

Ⅳ. U模式笔画输入

U模式是专门为输入不会读的字所设计的。在输入u键后，然后依次输入一个字的笔顺，笔顺为：h横、s竖、p撇、n捺、z折，就可以得到该字，同时小键盘上的1、2、3、4、5也代表h、s、p、n、z。值得一提的是，树心旁的笔顺是点点竖（nns），而不是竖点点。

例如，输入【你】字：如图1-15、图1-16所示。

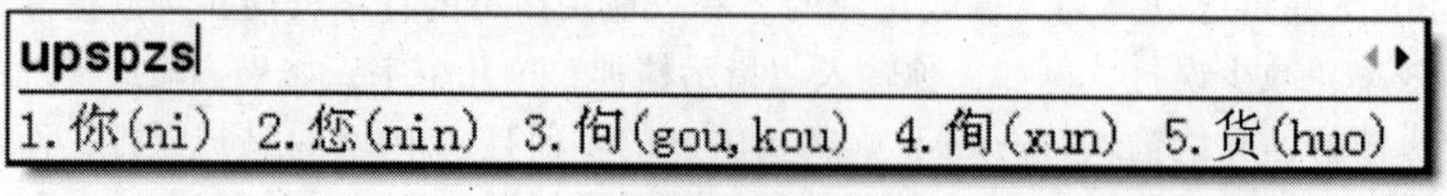

```
upspzs
1.你(ni)  2.您(nin)  3.佝(gou, kou)  4.徇(xun)  5.货(huo)
```

图 1-15

```
u32352
1.你(ni)  2.您(nin)  3.佝(gou, kou)  4.徇(xun)  5.货(huo)
```

图 1-16

Ⅴ. 英文的输入

输入法默认是按下"Shift"键就切换到英文输入状态，再按一下"Shift"键就会返回中文状态。用鼠标点击状态栏上面的中字图标也可以切换。除了"Shift"键切换以外，搜狗输入法也支持回车输入英文，和V模式输入英文。在输入较短的英文时使用能省去切换到英文状态下的麻烦。具体使用方法是：

回车输入英文：输入英文，直接敲回车即可。

V模式输入英文：先输入"V"，然后再输入你要输入的英文，可以包含@+*/-等符号，然后敲空格即可。

1.2.1.2　运用搜狗拼音输入法输入中文

☞ 操作步骤

（1）打开记事本。

（2）在记事本中录入以下文字（如图1-17所示）。

1.2.2　五笔字型输入法

五笔字型输入法的编码方案是一种纯字型的编码方案，从字型入手，完全避开汉字的读音，且重码少。对于不会拼音或拼音不准的用户来说，这应该是一种最好的输入法。因为它重码少，所以它又是一种非常快的汉字输入法。

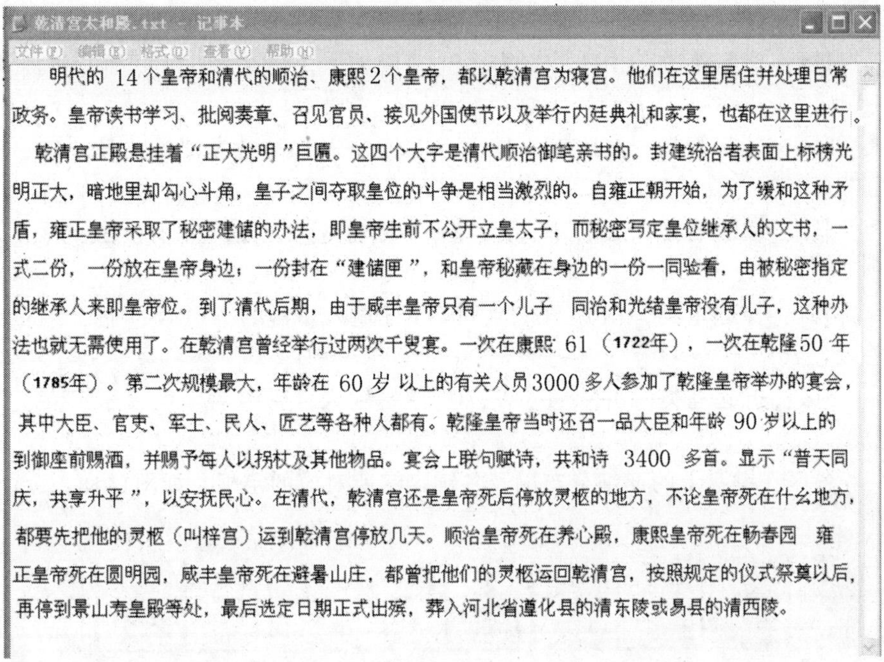

乾清宫太和殿.txt - 记事本

文件(F) 编辑(E) 格式(O) 查看(V) 帮助(H)

明代的 14 个皇帝和清代的顺治、康熙 2 个皇帝，都以乾清宫为寝宫。他们在这里居住并处理日常政务。皇帝读书学习、批阅奏章、召见官员、接见外国使节以及举行内廷典礼和家宴，也都在这里进行。

乾清宫正殿悬挂着"正大光明"巨匾。这四个大字是清代顺治御笔亲书的。封建统治者表面上标榜光明正大，暗地里却勾心斗角，皇子之间夺取皇位的斗争是相当激烈的。自雍正朝开始，为了缓和这种矛盾，雍正皇帝采取了秘密建储的办法，即皇帝生前不公开立皇太子，而秘密写定皇位继承人的文书，一式二份，一份放在皇帝身边，一份封在"建储匣"，和皇帝秘藏在身边的一份一同验看，由被秘密指定的继承人来即皇帝位。到了清代后期，由于咸丰皇帝只有一个儿子 同治和光绪皇帝没有儿子，这种办法也就无需使用了。在乾清宫曾经举行过两次千叟宴。一次在康熙 61（1722年），一次在乾隆50 年（1785年）。第二次规模最大，年龄在 60 岁 以上的有关人员3000 多人参加了乾隆皇帝举办的宴会，其中大臣、官吏、军士、民人、匠艺等各种人都有。乾隆皇帝当时还召一品大臣和年龄 90 岁以上的到御座前赐酒，并赐予每人以拐杖及其他物品。宴会上联句赋诗，共和诗 3400 多首。显示"普天同庆，共享升平"，以安抚民心。在清代，乾清宫还是皇帝死后停放灵柩的地方，不论皇帝死在什么地方，都要先把他的灵柩（叫梓宫）运到乾清宫停放几天。顺治皇帝死在养心殿，康熙皇帝死在畅春园 雍正皇帝死在圆明园，咸丰皇帝死在避暑山庄，都曾把他们的灵柩运回乾清宫，按照规定的仪式祭奠以后，再停到景山寿皇殿等处，最后选定日期正式出殡，葬入河北省遵化县的清东陵或易县的清西陵。

图 1-17

1.2.2.1 五笔字型的键盘设计

Ⅰ. 笔画及其分类

在五笔字型输入法中，将汉字的笔画分为横、竖、撇、捺、折五种，依次编号为1，2，3，4，5。为了便于记忆和应用，下面列出汉字的五种笔画表，参见表1-2。

笔画代号	笔画名称	笔画走向	同类笔画
1	横（一）	左 – 右	提
2	竖（丨）	上 – 下	竖勾
3	撇（丿）	右上 – 左下	
4	捺（乀）	左上 – 右下	点
5	折（乙）	带转折	横勾、竖提、横折勾、竖弯勾等

表 1-2

Ⅱ. 字根及其在键盘上的分布

由五种笔画构成的基本字根有130种，并将根据它们的起笔分为以下五个区：

1区：横起笔类，由G、F、D、S、A键输入。键名为"王、土、大、木、工"。

2区：竖起笔类，由H、J、K、L、M键输入。键名为"目、日、口、田、山"。

3区：撇起笔类，由T、R、E、W、Q键输入。键名为"禾、白、月、人、金"。

4区：捺起笔类，由Y、U、I、O、P键输入。键名为"言、立、水、火、之"。

5区：折起笔类，由N、B、V、C、X键输入。键名为"已、子、女、又、纟"。

各区在键盘上的详细分布以及各键盘键所对应的字根，如图1-18：

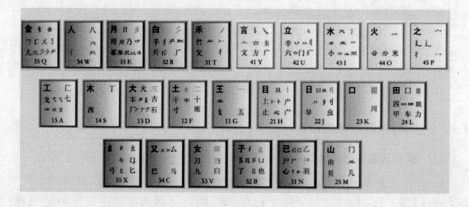

图1-18

Ⅲ. 五笔字根助记词

一区：11（G） 王旁青头戋（兼）五一。

12（F） 土士二干十寸雨。

13（D） 大犬三羊古石厂。

14（S） 木丁西。

15（A） 工戈草头右框七。

二区：21（H） 目具上止卜虎皮。

22（J） 日早两竖与虫依。

23（K） 口与川，字根稀，

24（L） 田甲方框四车力。

25 (M) 山由贝，下框几。

三区：31 (T) 禾竹一撇双人立，反文条头共三一。

32 (R) 白手看头三二斤。

33 (E) 月彡 (衫) 乃用家衣底。

34 (W) 人和八，三四里。

35 (Q) 金勺缺点无尾鱼，犬旁留叉儿一点夕，氏无七。

四区：41 (Y) 言文方广在四一，高头一捺谁人去。

42 (U) 立辛两点六门扩。

43 (I) 水旁兴头小倒立。

44 (O) 火业头，四点米，

45 (P) 之字军盖建道底，摘礻 (示) 衤 (衣)。

五区：51 (N) 已半巳满不出己，左框折尸心和羽。

52 (B) 子耳了也框向上。

53 (V) 女刀九臼山朝西。

54 (C) 又巴马，丢矢矣。

55 (X) 慈母无心弓和匕，幼无力。

1.2.2.2 五笔字型中的汉字结构

汉字是由字根组成的，基本字根在组成汉字时，按照它们之间的位置关系可以分成单、散、连、交四种类型。分析汉字的字型结构是为正确确定汉字的字型。

单：字根本身就单独构成一个汉字。如：由、雨、竹、车、斤等。

散：构成汉字不止一个字根，且字根间保持一定距离，不连也不交。如："讲、肥、昌、张、吴"等。

连：五笔字型中字根相连不同于常规意义上的相连，特指以下两种情况：

Ⅰ.单笔画与某基本字根相连

如：自 (丿连目)、且 (月连一)、尺 (尸连丶)、下 (一连卜) 等。这类字虽然不多，但容易看成是上下散的关系。

Ⅱ.带点结构

如：勺、术、太、主、义、头、斗等。

另外：五笔字型中并不认为以下字字根相连。如：足、充、首、左、页等；单笔画与基本字根间有明显距离者不认为相连。如：旦、个、少、么。

交：指两个或多个字根交叉套迭构成汉字。如：朱、兼、单。

1.2.2.3 汉字字型

五笔字型编码是把汉字拆分为字根，而字根又按一定的规律组成汉字，这种组字规律就称为汉字的字型。汉字的字型分为三种：左右型、上下型、杂合型。这三种字型的代号分别是1、2、3。

左右型（1型）：字根之间可有间距，总体左右排列，如：汉、湘、结、封。

上下型（2型）：字根之间可有间距，总体上下排列，如：字、莫、花、华。

杂合型（3型）：字根之间不分上下左右浑然一体，它们或相互交叉或又叉又连或一个字根包围着另外两个字根，如：承、鬼、圆、匀、幽、册、远。

1.2.2.4 汉字的拆分原则与末笔交叉识别码

Ⅰ.汉字的拆分原则

从汉字结构分析中可以知道，除单字结构外，其它3种结构的汉字都是通过连、交、散的形式由基本字根构成。汉字键盘只有130个字根，要从键盘上输入任意的汉字，就需要将汉字进行拆分，分解成几个基本字根，然后对其进行编码输入。除单字结构无需拆分外，其它3种结构汉字在拆分时应按照以下原则拆分。

拆分原则：取大优先，兼顾直观，能散不连，能连不交。

（1）取大优先：保证在书写顺序下拆分成尽可能大的基本字根，使字根数目最少。所谓最大字根是指如果增加一个笔画，则不成其基本字根的字根。例如："舌"拆分为"丿、古"，而不是拆分为"丿、十、口"；"果"拆分为日、木，而不拆分为"旦、小"。

（2）兼顾直观：拆字的目的是为取汉字的输入码,如果拆得的字根有较好的直观性，就便于联想记忆，给输入带来方便。例如："自"字拆分为"丿、目"，而不拆分为"白、一"，后者欠直观。

（3）能散不连：在拆出的字根数相同的情况下，按"散"的拆法比按"连"的拆分优先。如："午"应按"散"拆成"厂（T）、十（F）"，而不按"连"拆成"丿、干"。

（4）能连不交：在拆出的字根数同的情况下，按"连"的拆分比按"交"的拆分优先。如："天"应按"连"拆成"一、大"，而不按"交"拆成"二、人"。"丑"应按"连"拆成"乙（N）、土（F）"，而不按"交"拆成"刀、二"。

Ⅱ. 末笔交叉识别码

如果仅将字根按书写顺序进行编码，将会出现大量重码。如："汉"字拆分成"冫、又"，编码为IS；"汀"字拆分成"冫、丁"，编码也为IS；"洒"字拆分成"冫、西"编码也为IS。为了离散重码，五笔字型编码方案建立一个"末笔交叉识别代码"，它是由字的末笔笔画和字型信息共同构成的。具体说识别代码为两位数字，前一位是末笔画类型代号（横1,竖2,撇3,捺4,折5），后一位是字型代码（左右型1，上下型2，杂合型3）。如表1-3所示。

字型 末笔笔形	左右型 1	上下型 2	杂合型 3
横 1	11G	12F	13D
竖 2	21H	22J	23K
撇 3	31T	32R	33E
捺 4	41Y	42U	43I
折 5	51N	52B	53V

表1-3 末笔字型交叉识别码表

从表中可见，"汉"字的交叉识别码为Y，"汀、洒"的交叉识别码分别为H、G。

1.2.2.5 汉字编码与输入

熟悉了汉字拆分方法和字根排列后，就可以着手为汉字编码了。注意：五笔字型的编码最多取四个，且都用小写字母，本教材为了排版方便和清晰，用大写字母表示编码，用户在进行汉字录入时，一定要在小写字母状态下。在五笔字型输入法中有单根字输入、单字输入、词组输入及简码输入4种，下面就分别介绍。

Ⅰ. 单根字输入

单根字有两种可能，一是键名字，二是非键名字，其输入方法各不相同。

（1）键名汉字输入法。

在五笔字型的键盘图中，各字根键位左上角的第一个字叫键名字，共有25个：王土大木工，目日口田山，禾白月人金，言立水火之，已子女又纟。

键名汉字的输入方法：连击四下键名所在的键。

如：大：DDDD 口：KKKK 金：QQQQ 女：VVVV

（2）非键名基本字根输入方法。

在130个基本字根中，除键名字根外，本身就是汉字的字根，称为成字字根。成字字根汉字的输入规则为：

字根所在键的代码+首笔画代码+次笔画代码+末笔画代码

如：贝：MHNY　车：LGNH　小：IHTY　戈：GGGT　马：CNNG

注意：

A 对于非键名基本字根编码时是取笔画而不是取字根。

B 对于不足4码时，用空格来结束编码。

C 对于单笔画字根不能按照上述的方法，它们的特殊编码是：

一：GGLL　丨：HHLL　丿：TTLL　丶：YYLL　乙：NNLL

Ⅱ．单字输入

输入时采用前面的拆分原则，取该字的第一、二、三、末字根组成4个编码，若不足4码时，补末笔交叉识别码，仍不足4码时补空格表示编码结束。

缩：纟宀亻日 XPWJ　　　型：一 艹 刂 土　GAJF

Ⅲ．词组输入

五笔字型输入法设计了很好的词组输入方法，输入词组与输入单个汉字一样，无论一个词组由多少个汉字组成，整个词组的编码也是由4个键位代码组成，输入时也只需打4个字母键就可以了。

（1）双字词组的编码

输入规则：每字取其全码的前两码。

例如：单独：UJQT　键盘：QVTE　速度：GKYA　经常：XCIP
市场：YMFN　建设：VFYM　程序：TKYC　组合：XEWG
等待：TFTF　地方：FBYY

（2）三字词组的编码

输入规则：前两个字取其第一码，最后一字取其前两码。

例如：出版社：BTPY　打印机：RQSM　四川省：LKIT
计算机：YTSM　　科学家：TIPE　共产党：AUIP　广州市：YYYM

（3）四字或四字以上词组的编码

输入规则：取第一、二、三和最后一个字的第一码。

例如：五笔字型：GTPG　基本原则：ASDM　中国共产党：KLAI
中华人民共和国：KWWL　做一天和尚撞一天钟：WGGQ

Ⅳ．简码输入

汉字的数目很多，但常用的汉字只有一二千个，如果能简化常用汉字的输入，就可以大大提高输入速度。五笔字型输入法取常用汉字的编码的开头一个，两个或三个代码作为这些汉字的简码。简码分为一级简码、二级简码、三级简码。

（1）一级简码

对一些常用的高频字，敲一键后再敲一空格键即能输入一个汉字。高频字共25个，如图1-19所示：键左上角为键名字，键右下角为高频字即一级简码字。

键名	Q	W	E	R	T	Y	U	I	O	P
简码	我	人	有	的	和	主	产	不	为	这
键名	A	S	D	F	G	H	J	K	L	
简码	工	要	在	地	一	上	是	中	国	
键名	Z	X	C	V	B	N	M			
简码		经	以	发	了	民	同			

图1-19

（2）二级简码

由单字全码的前两个字根代码接着一空格键组成，最多能输入25×25＝625个汉字。但实际五笔字型方案中二级简码字共有588个。

例如：成：其全码是DNNT，该字是二级简码，只需输入 DN+空格；

到：GC+空格；　五：GG+空格；　罚：LY+空格；

秘：TN+空格；　降：BT+空格。

（3）三级简码

由单字前三个字根接着一个空格键组成。凡前三个字根在编码中是唯一的，都选作三级简码字，一共约4400个。虽敲键次数未减少。但省去了最后一码的判别工作，仍有助于提高输入速度。

1.2.2.6　五笔字型输入练习

练习1　运用"金山打字通2010"软件训练五笔打字。

☞ **操作步骤**

（1）打开"金山打字通2010"软件。

（2）输入用户名。

（3）选择"五笔打字"。

（4）进行"字根练习"训练，时间5分钟，注意速度和正确率。

（5）进行"单字练习"训练，在"课程选择"中选择"一级简码"，时间3分钟。如图1-20所示。

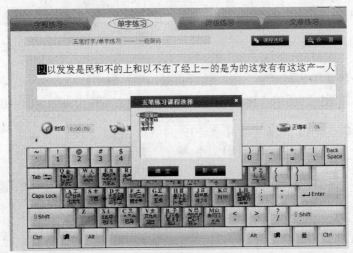

图 1-20

（6）进行"单字练习"训练，在"课程选择"中选择"二级简码"，时间5分钟。

（7）进行"词组练习"训练，在"课程选择"中分别选择"二字词组"、"三字词组"、"四字或四字以上词组"，每种课程训练3分钟。

（8）进行"文章练习"训练，时间5分钟。

练习2　运用五笔字型输入法进行录入练习

☞ **操作步骤**

（1）打开记事本窗口，选择五笔字型输入法，如图1-21所示。

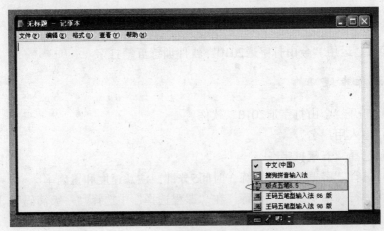

图 1-21

　　（2）在记事本中录入以下字根，以"字根.TXT"为名保存，如图1-22所示。

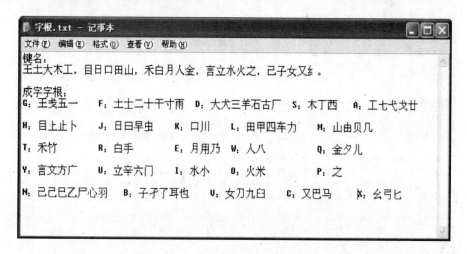

图 1-22

　　（3）在记事本中录入以下汉字，以"单字.TXT"为名保存，如图1-23所示。

图 1-23

（4）在记事本中录入以下词组，以"词组.TXT"为名保存，如图1-24所示。

图 1-24

（5）在记事本中录入以下文章，以"文章.TXT"为名保存，如图1-25所示。

文章.txt - 记事本

文件(F)　编辑(E)　格式(O)　查看(V)　帮助(H)

WebMeeting是基于互联网及局域网传输的可视电话软件，它能实现实时的图像与声音的高品质的传输，使你与你的家人与朋友轻松"沟通"。WebMeeting允许你使用目录服务器、会议服务器和Web页发出呼叫，WebMeeting能使通过Internet、局域网等发出呼叫更加容易直观。WebMeeting的音频和视频能让你看到和听到其他人的音/视频，即使你没有摄像头、话筒，也可以在WebMeeting视频窗口中接收对方的视频呼叫。此外，使用其聊天功能，你也可以同多人同时交谈。

在安装WebMeeting前，你需要有：一台能上网的电脑，其上网方式56kModem/ISDN/ADSL等皆可。但使用56k Modem的速度只能勉强满足视频传输的需求，而使用ADSL等宽带上网方式视频传输则比较流畅。购置用于摄取视频的摄像头和进行语音传输的话筒，并在电脑上安装好。操作系统最好为Windows 98或以上版本，并安装DirectX 7.0或更高版。安装WebMeeting时不需要特别的设置，一直点Next(下一步)即可。

WebMeeting安装好后会自动在桌面上建立一个名为"Meeting"的图标，双击鼠标打开它。如果你有摄像头，你的图像会显示在主界面的视频窗口中，如果你对图像质量不满意，你可用鼠标右键单击"本地视频"选框界面，然后再选择"视频设置"按钮，在打开的选项中选择"Video Proc Amp"项，在此项设置中你可对摄像头的"白平衡/Gamma"值等项进行调整，以获得较好的视频效果。

视频目录服务器的IP地址在主界面中显示。你只需点击前面有两个人头像的"连接目录服务器"按钮，就可以登录视频目录服务器。这时你可看到所有登录者的信息。如果你想同哪位朋友聊天，你可用鼠标双击你想与之聊天的朋友的信息，WebMeeting会马上为你进行联系，接通后响起一阵电话铃声并会弹出一个名为"远程视频"的窗口，对方的视频画面会显示在其中。用它来跟千里之外的朋友进行沟通真是方便，我就尝试用它来进行QQ朋友"相面"；

举行远程朋友聚会；亲身示范教别人学习电脑使用及解决电脑故障；了解异地商品优劣；欣赏异地风光(将摄像头对准大街)；甚至还可来个重要事件现场直播等等。

图 1-25

1.3　文件与文件夹的管理

在计算机中，各种各样的信息都是以文件的形式存放的，如画一幅画，打一段文字，录制一段声音等，最后，都是以文件形式保存在存储器中。因此，在计算机存储器中存储了各种各样的文件。为了使计算机中各种各样的文件方便我们查找和使用，必须把这些文件分门别类存放。

Windows提供了一个可以分类存放文件的工具，称为文件夹。我们可以将文件按照一定的分类，分别放在不同的文件夹中。文件夹不仅可以存放文件，还可以存放其他的文件夹（称为子文件夹）。

下面我们来了解文件和文件夹的相关知识及操作。

1.3.1　文件名的相关知识

Ⅰ. 文件名命名规则

文件名是文件存在的标志，其主要命名规则如下：

①文件名最长可以使用255个字符。

②可以使用扩展名，扩展名用来表示文件类型，也可以使用多间隔符的扩展名。如win.ini.txt是一个合法的文件名，但其文件类型由最后一个扩展名决定。

③文件名中允许使用空格，但不允许使用下列字符（英文输入法状态）：< > / | : " * ?

④ Windows系统对文件名中字母的大小写在显示时有不同，但在使用时不区分大小写。

Ⅱ. 几种常见文件的扩展名

（1）压缩文件：

rar（winrar可打开）、zip（winrar或winzip可打开）、arj（用arj解压缩后可打开）、gz（unix系统的压缩文件，用winzip可打开）、z（unix系统的压缩文件，用winzip可打开）

（2）图形文件：

bmp、gif、jpg、pic、png、tif（这些文件类型用常用图像处理软件可打开）

（3）声音文件：

wav（媒体播放器可打开）、aif（常用声音处理软件可打开）、au（常用声

音处理软件可打开）、mp3（由winamp等播放）、ram（由realplayer等播放）

（4）动画文件：

avi（常用动画处理软件可播放）、mpg（由vmpeg等播放）、mov（由active-movie等播放）、swf（用flash自带的players等程序可播放）

1.3.2 文件与文件夹的相关操作

文件是被赋予名字并存储于磁盘上的信息的集合，而文件夹一般用来存放相同类型或具有某种关系的文件。在Windows中，利用文件夹来组织和管理众多的文件、管理和组织设备，甚至管理和组织整个计算机的资源。对于文件和文件夹的处理工作，我们首先需要掌握组织与管理文件和文件夹，例如：创建、删除、复制、更改文件和文件夹属性等，其次需要掌握搜索文件和文件夹的操作。下面我们来学习其相关操作。

1.3.2.1 创建新文件夹

在桌面上建立一个名字为"我的文件"的文件夹

☞ **操作步骤**

（1）在桌面的空白处，单击右键，这时弹出一个快捷菜单。

（2）将鼠标指针移到"新建"上，弹出子菜单，从弹出的菜单中选择"文件夹"选项。

（3）这时，桌面上出现一个新的文件夹，自动取名为"新建文件夹"，且光标在闪烁，如图1-26所示。

输入"我的文件"，则一个名为"我的文件"的文件夹就创建好了，如图1-27所示。

图 1-26

图 1-27

1.3.2.2 文件或文件夹的选定

文件或文件夹的选定包括一个文件或文件夹的选定，多个连续文件或文件夹的选定，多个不连续文件或文件夹的选定或者选择全部的文件或文件夹。

1.3.2.2.1 选择一个文件（或文件夹）

在"我的文档"窗口中选择名为"2汉字录入"的文件夹。

☞ **操作步骤**

（1）将鼠标指针移到要选择的文件或文件夹上。

（2）单击鼠标，可以看到该文件或文件夹图标变为高亮显示，表示文件或文件夹被选择，如图1-28所示。

1计算机入门   2汉字录入   3文件与文件夹的管理   4WINDOWS应用程序

5综合实训

图 1-28

1.3.2.2.2 选择多个相邻文件（或文件夹）

选择"我的文档"窗口中的五个连续的文件或文件夹。（从"教材.doc"文件开始，到"未命名.jpg"止）

☞ **操作步骤（方法1）**

（1）双击桌面上的"我的文档"图标，打开"我的文档"窗口。

（2）将鼠标指针指向 "教材.doc"，单击鼠标，如图1-29所示。

图 1-29

（3）将鼠标指针指向至这些相邻文件（或文件夹）的最后一个文件"未命名.jpg"上，按住键盘上Shift键不放，再单击鼠标，如图1-30所示。

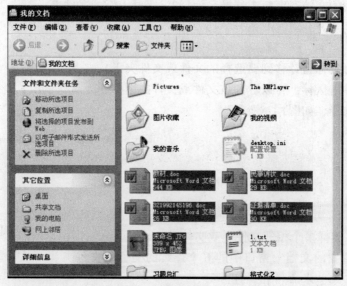

图 1-30

☞ **操作步骤（方法2）**

（1）鼠标指向窗口的某一位置（不能为文件或文件夹）

（2）拖住鼠标，出现一个隐形矩形，将要选择的文件（或文件夹）圈入矩形内，如图1-31所示。

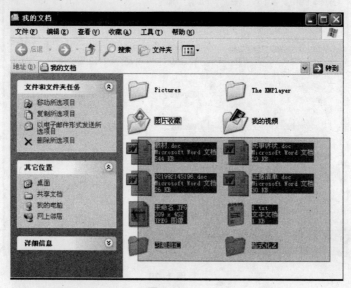

图 1-31

（3）松开鼠标后，矩形中的对象均被选择。

1.3.2.2.3　选择多个不相邻的文件（或文件夹）

选择"我的文档"窗口中若干个不相邻的文件和文件夹。

☞ **操作步骤**

（1）双击桌面上"我的文档"图标，打开"我的文档"窗口。

（2）将鼠标指针指向任意一个要选择的文件或文件夹上，单击鼠标。

（3）按住键盘上的Ctrl键不放。

（4）再逐个单击要选择的其他文件，如图1-32所示：

图 1-32

1.3.2.2.4　选择所有的文件或文件夹

一般的方法是单击菜单中的"编辑"项，然后选择"全部选定"。

也可以按"选择多个相邻文件"的方法操作，或按"选择多个不相邻文件"的方法操作。

如果被选中的是不要选取的文件，而未选中的文件又恰恰是需要选取的文件，这种情况需要反向选择。这时，选择菜单"编辑"项内的"反向选择"可执行反向选取。

1.3.2.3 文件属性的设置

将"我的文档"中的"教材.doc"文件属性改为"隐藏"。

☞ **操作步骤**

（1）双击桌面上"我的文档"图标，将鼠标指针指向"教材.doc"文件，单击鼠标右键，则出现快捷菜单，选择"属性"。

（2）屏幕出现属性对话窗口，如图1-33所示。

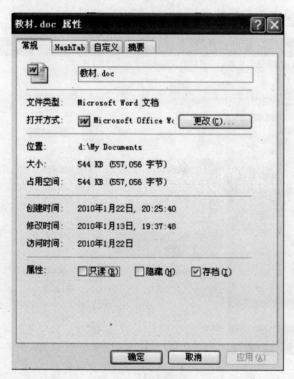

图 1-33

（3）在属性项后勾选"隐藏"，按"确定"按钮即可。

1.3.2.4 复制文件或文件夹

将"我的文档"中的"教材.doc"复制到"信息技术"文件夹中。

☞ **操作步骤**（方法1）

（1）双击桌面"我的文档"图标，在"我的文档"窗口中选择"教材.doc"

文件。

(2) 在菜单栏中选择"编辑"项，再选择"复制"子菜单项。

(3) 打开"信息技术"文件夹。

(4) 选择"编辑"菜单中的"粘贴"，即可完成操作。

☞ **操作步骤（方法2）**

(1) 选择要复制的源文件（或文件夹），右击，出现快捷菜单，选择"复制"。

(2) 用鼠标确定要复制的目的地（位置）。

(3) 右击，在快捷菜单中选择"粘贴"。

☞ **操作步骤（方法3）**

(1) 打开需要复制的窗口。

(2) 按键盘上的Alt+PrintScreen组合键（或PrintScreen键）

(3) 打开Word文档

(4) 选择"编辑"菜单项内的"粘贴"。

1.3.2.5 移动文件或文件夹

将桌面上名为"我的文件"的文件夹移动到"我的文档"中。

☞ **操作步骤**

(1) 在桌面上选择"我的文件"文件夹．单击右键，弹出一快捷菜单，将鼠标指针移动到"剪切"菜单选项上，并单击鼠标左键。

(2) 双击桌面上的"我的文档"图标，在"我的文档"窗口的空白位置单击右键，在弹出的快捷菜单中选择"粘贴"菜单即可。

1.3.2.6 更改文件或文件夹名

将名为"我的文件"的文件夹重命名为"wodewenjian"

☞ **操作步骤（方法1）**

(1) 选择要改名的文件夹"我的文件"。

(2) 在菜单中选择"文件"项中的"重命名"，这时被选择的文件名由一个矩形框圈住，并出现一个光标。

(3) 键入新的文件夹名"wodewenjian"后按回车键。

☞ **操作步骤（方法2）**

（1）选择要改名的文件（或文件夹）。

（2）单击鼠标右击，出现快捷菜单，选择"重命名"，这时被选择的文件名由一个矩形框圈住，并出现一个光标。

（3）键入新文件名或者修改原文件名后回车。

1.3.2.7 删除文件（或文件夹）

删除文件（或文件夹）的方法很多，包括利用菜单、快捷菜单、Del键、剪贴板等进行操作。下面删除"我的文档"中的文件夹"wodewenjian"。

☞ **操作步骤（方法1）**

（1）双击桌面上的"我的文档"图标，打开"我的文档"窗口，选择要删除的文件"wodewenjian"，在菜单中选择"文件"项，再选择"删除"子项。

（2）屏幕提示"确实删除文件夹'wodewenjian'并将所有内容移入回收站吗？"，如图1-34所示。

图1-34

（3）选择"是"，指定的文件将放入回收站；选择"否"，放弃删除操作。

☞ **操作步骤（方法2）**

（1）选择要删除的文件（或文件夹）

（2）在反相显示的位置右击，出现快捷菜单，选择"删除"项

（3）屏幕提示"确实要将×××等×个文件放到回收站吗？"

（4）选择"是"，指定的文件将放入回收站；选择"否"，放弃删除操作。

🐭 提示：对软盘或U盘上内容的删除操作，将是直接删除，而不使用回收站。至于移动硬盘，视具体电脑而定，多数电脑也会将删除文件放入回收站，个别电脑则直接删除，不放入回收站，这其中原因较复杂，这里不详细论

述。

1.3.2.8 创建文件快捷方式

将"教材.doc"文件在"我的文档"中创建名为"jiaocai"的快捷方式。

☞ **操作步骤**

(1) 找到所需创建方式的文件"教材.doc"。
(2) 在文件图标处单击右键,在弹出的快捷菜单中选择"创建快捷方式"。
(3) 将新创建的快捷方式改名为"jiaocai"。
(4) 将快捷方式移动"我的文档"中。

1.3.2.9 查找文件或文件夹

Ⅰ. 方式1

利用文件名进行查找:找出文件夹ZDCJA当中所有文件名以X开头的文件。

❋ **使用文件夹:ZDCJA**

☞ **操作步骤**

(1) 打开文件夹ZDCJA,在工具栏中选择"搜索"选项。
(2) 在"您要查找什么"位置中选择"所有文件和文件夹",在接下来窗口中的"全部或部分文件名"中输入"x*.*",如图1-35所示。

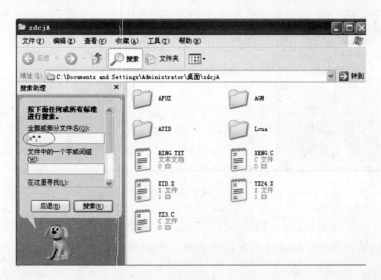

图 1-35

3. 单击左下角的"搜索"按钮，则可找到所需的文件。

🐭 提示：文件或文件夹的名称可以包含有通配符"?"和"*"。如果要查找多个文件或文件夹名称，那么在输入名称时还可以同时输入多个查找的名称，各个名称之间用逗号、分号或空格隔开即可。

Ⅱ. 方式2

利用日期进行查找：在05zjA文件夹下查找出修改日期为2004年1月的文件。

❋ **使用文件夹：05zjA**

☞ **操作步骤**

(1) 打开文件夹05zjA，在工具栏中选择"搜索"，在接下来的窗口中选择"所有文件和文件夹"。

(2) 在该对话框中先选择"什么时候修改的?"，接着选择"指定日期"、"修改日期"，然后输入"从'2004-1-1'至'2004-1-31'"，如图1-36所示：

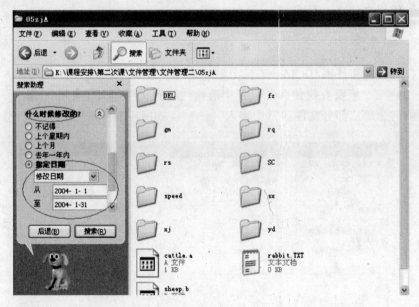

图1-36

(3) 单击搜索按钮，则系统进行搜索。如果中途要停止查找，可单击停止按钮。如果要查找新的文件或文件夹名称，可以单击新搜索按钮。

Ⅲ. 方式3

利用大小进行查找：在05ZJA文件夹中查找大小不超过1KB的所有文件。

✽ 使用文件夹：05ZJA

☞ 操作步骤

（1）打开文件夹05zjA，在工具栏中选择"搜索"，在接下来的窗口中选择"所有文件和文件夹"。

（2）在对话框中先选择"大小是"，接着选择"指定大小"，然后选择"至多"，输入"1"，如图1-37所示。

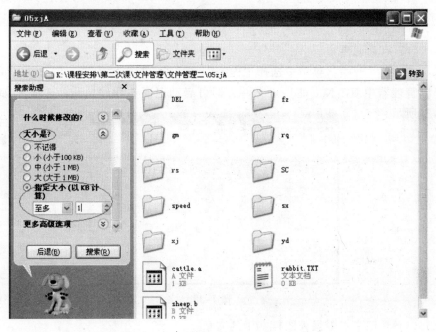

图 1-37

（3）单击搜索按钮，则系统进行搜索。如果中途要停止查找，可单击停止按钮。如果要查找新的文件或文件夹名称，可以单击新搜索按钮。

1.4 Windows应用程序的使用

Windows附带有很多功能强大的应用程序，如文字处理程序——"记事本"、"写字板"，作图程序——"画图"，还有各种系统工具软件、网络软件、多媒体软件等。下面我们主要介绍记事本、写字板及画图程序的使用方法。

1.4.1　记事本的使用

记事本是一种最简单的文本编辑器，功能比较少，操作也容易。记事本不提供复杂的排版和打印格式化等功能，一般用来编辑文本文件。"记事本"生成的文件是一种纯文本文件，即由文字、字母、数字和标点符号等组成的文件，不能存放声音、图片等信息。

☞ **操作步骤**

（1）启动记事本。

（2）在"开始"菜单中选择"程序"→"附件"→"记事本"选项，或在资源管理器中双击Notepad.exe文件，即可启动记事本程序。记事本窗口如图1-38所示。

图 1-38

（3）在记事本中录入图1-39中的文章。

了不起的插班生

高中时我们班从外地转来一个插班生，这是一个非常优秀的学生，他几乎能回答老师所有的难题，这让我们不得不对他佩服得五体投地。

一天，老师出了一道高难度的化学题，全班同学哗然，最后老师只好把目光转向了这个插班生。插班生问道，是用中文回答还是用英文回答。

全班更加哗然，因为我们几乎还不知道答案时，人家已经要求用英文来回答问题了。

"那先用中文吧。"

插班生回答："不知道。"

"英文呢？"

"I don't know!"

全班晕倒!

图 1-39

（4）将记事本以"D1.TXT"为名保存在自己的文件夹中。

1.4.2 写字板的使用

写字板是一个文字处理的应用程序，可以建立文本，对文本进行简单的编辑、排版；可以将图片、电子表格、图表、音频信息编辑在文本中；可以根据需要设定各种格式和不同风格进行打印输出。

☞ **操作步骤**

（1）启动写字板。

（2）在"开始"菜单中选择"程序"→"附件"→"写字板"选项。

（3）利用写字板程序输入图1-40中的内容。

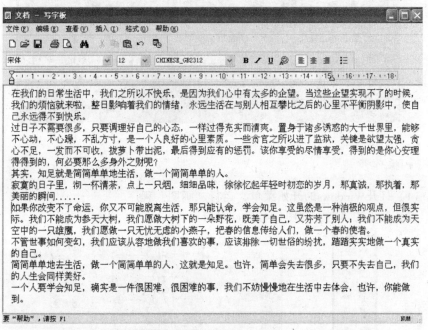

图 1-40

（4）将写字板以"知足是福.RTF"为名保存在自己的文件夹中。

（5）用写字板打开"知足是福.rtf"，将其进行简单的排版：标题设置为字体华文行楷，字号为20，颜色为粉红色。其它文字设置为字体华文新魏，字号为四号。将第四段、第五段设置为蓝色，并添加下划线。完成后以"知足是福2.rtf"为名保存。

1.4.3 画图程序的应用

　　Windows系统提供的画图程序可以绘制图形、编辑和修改图形、保存和打印图形。画图程序创建的文件是扩展名为.BMP位图文件。

　　下面我们来利用画图程序完成图1-41所示的图形创作。

图 1-41

☞ **操作步骤**

（1）打开Windows的开始菜单，运行"画图"程序。

（2）调出工具栏，如图1-42，1-43所示。

图 1-42

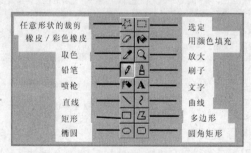

任意形状的裁剪	选定
橡皮 / 彩色橡皮	用颜色填充
取色	放大
铅笔	刷子
喷枪	文字
直线	曲线
矩形	多边形
椭圆	圆角矩形

图 1-43

(3) 单击"铅笔"工具"✏"，画出山峰的线条。

(4) 单击"填充"工具"🖌"，填充山的颜色及天空的颜色。

(5) 单击"喷漆"工具"🖌"，画花朵。

(6) 单击"矩形"工具"▢"，画房子及窗户，用直线工具画屋顶。

(7) 单击"椭圆"工具"◯"，画树叶及白云。

(8) 单击"曲线"工具"〰"，画小鸟。

(9) 完成后以"我的图画.BMP"为名字保存在自己的文件夹中。

1.5 综 合 练 习

Ⅰ.任务一：完成以下文件和文件夹的操作练习：

（1）在桌面上创建作业文件夹，以自己的名字命名，并在其下创建如下结构的文件夹。

作业文件夹

```
├──────── contents
│                  └──────── 基础知识
│                                      └──────── 系统组成
└──────── 内容
```

（2）将文件夹contents重命名为"目录"。

（3）复制当前桌面图像，在"基础知识"文件夹下新建WORD文档，将所复制的窗口图像粘贴在文档中，保存并命名为"窗口"。

（4）用计算器计算：758÷45的值，将结果写入到新建的记事本文档中，以"计算结果.txt"为文件名保存到"系统组成"文件夹下。

（5）在"内容"文件夹下建立一文本文件，命名为"新文档"，并输入以下内容（要求在'*'号的位置填入自己的相关信息）。

班级：*******

学号：********

姓名：*******

爱好：*******

然后将其文件属性设置为"只读"。

(6) 将"系统组成"文件夹中的所有文件移动到"内容"文件夹中。

Ⅱ. 任务二：完成以下文字录入练习：

(1) 打开写字板程序，输入图1-44的文字。完成后将文档以"普天同庆"为名保存在作业文件夹中。

史上最有科技含量的足球

首先，可以肯定的是，普天同庆是一个很好很强大的足球。如果说飞火流行和团队之星，给人最深刻的印象是它们的外表的话，那么对于耗费了阿迪达斯3年研发时间的普天同庆，你需要了解它的内在，因为它称得上是有史以来最有技术含量的足球。

从它的外表，你就能感觉到普天同庆的不平凡之处——阿迪达斯通过与英国拉夫堡大学体育技术研究中心合作，只用了八块EVA和TPU包片（普通足球抱片有32块，而团队之星，大幅度减少了包片数，但也有14块），较少皮块制成的足球更加结实。为了避免在黏合时造成误差，每块包片都经过3D处理，根据阿迪达斯的官方说法，则是"首次采用球形制模的方法，使每一块表皮都实现三维立体结构"。这样，有史以来最圆的足球就成型了。圆球带来的好处是在带球过人时，球员能更好地控制球，这点对于强调技术的阿根廷、巴西等队伍来说无疑是个好消息。

当然，仅仅是圆是不够的，为了让球在空中飞行得比以往所有足球都平稳，普天同庆拥有不少被称"aero grooves"的"空气动力凹槽"，别小看这些小凹槽，它可是经过无数次风洞测试和大规模比对测试后才确定出来的。它解决了"团队之星"在空中飞行时飘忽不定的问题。据称英格兰媒体很期待这款新足球，它会让以长传和直传打法为主的英格兰队更占优势。

为了让球在下雨天也拥有出色的性能，普天同庆表面布满了如鸡皮疙瘩般的小凸纹，它能防止在沾水之后，踢球的时候打滑。同时，它也不像传统足球那样用线来缝制，而是采用"热熔"技术让八块表皮在高温下粘在一起，然后在包片上涂上一层塑料涂层让球拥有完美的防水特性。

图 1-44

(2) 单击"格式"菜单，选择"字体…"，弹出字体设置窗口，要求字体为楷体，字号为四号字，字形为斜体，颜色为紫色。给第二段文字加上波浪下划线。

Ⅲ. 任务三：完成以下应用程序的使用：

(1) 用"画图"程序，以教师节或中秋节为主题，制作一幅精美的贺卡。要求有图形，有祝贺词。

(2) 打开桌面属性，将自己已创作好的贺卡作品设置成桌面背景。

(3) 将桌面复制在一个WORD文档中，并将其保存在作业文件夹中，文件名为"个性化桌面"。

Ⅳ. 任务四: 在桌面上新建一作业文件夹，名称为：班级+姓名。然后完成以下操作：

❋ **使用文件夹：动物图片、资料集**

（1）在作业文件夹中新建一文件夹，取名为"中外明星照片集"，在其中再创建四个文件夹，文件夹名称分别为"女明星照片集"、"男明星照片集"、"中国明星照片集"、"外国明星照片集"。将"资料集"文件夹中的照片进行分类，分别复制到上述四个文件夹中。

（2）在作业文件夹中新建两个文件夹，一个取名为"图片集"，另一个取名为"音乐集"。搜索"资料集"文件夹中的所有图片文件，即文件扩展名为.jpg 或.bmp或.wmf的文件，将其放置到"图片集"文件夹中。搜索资料集中的所有音乐文件，即扩展名为.mp3或.wma的所有文件，将其放置到"音乐集"文件夹中。

（3）在桌面创建"张柏芝.jpg"文件的快捷方式，快捷方式的名称为"我的图片"。

（4）在作业文件夹中创建一名为"小文件"的文件夹，搜索出资料集文件夹中所有大小不超过1MB的文件，将其移动到"小文件"中。

（5）将文件"夜曲神秘园.mp3"的文件属性设置为"隐藏"。

（6）删除资料集文件夹中的所有扩展名为.wmf的文件。

第2章 Internet 应用

  Internet就是将地理位置不同，且具有独立功能的多个计算机系统通过通信设备和线路而连接起来，以功能完善的网络软件（网络协议、信息交换方式及网络操作系统等）实现网络资源共享的系统，可称为Internet。

  Internet将我们带入了一个完全信息化的时代，正在改变着人们的生活和工作方式。由于其范围广、用户多，目前已成为仅次于全球电话网的第二大通信手段，可以说是21世纪信息高速公路的雏形。连入Internet的用户现在每天上班首先是打开电子邮箱看看是否有自己的E-mail，这已成为一种日常工作习惯。Internet在人们的工作和生活方式中开始形成一种独特的网络文化氛围。

  通过Internet，学术和科研人员除了常规的E-mail通信外，可以进行各种各样的日常工作：讨论问题、发表见解、传送文件、查阅资料，开展远程教育等；在商务界，现在开始通过网络购物、逛电子市场、在网络上开展广告、采购、订货、交易、展览等各种经济活动。在个人生活和娱乐休闲方面，已经能参观网上展览馆，听音乐、看影视、聊天，有声有色；甚至阅览网上电子报刊，真正是"秀才不出门，能知天下事"。

2.1 IE设置与应用

  IE（Internet Explorer）是应用比较广泛的浏览器，根据我们个人的上网习惯及爱好，对IE进行相应的设置，会使我们上网事半功倍；并且掌握一些IE的应用方法是必要的。

2.1.1 IE主页的设置

  当我们上网浏览网页时，IE会自动根据你的设置或者安装时的默认设置，打开指定的网站作为主页，这取决于你根据自己的上网习惯对IE主页进行的相应设置，下面我们来设置我们的IE主页。

☞ **操作步骤**

（1）右击桌面上的Internet Explorer图标，选择"属性"菜单，弹出"Internet 属性"对话框，或在打开IE浏览器以后，点击菜单"工具"，进入"IE选项"，如图2-1所示。

图 2-1

（2）根据个人的喜好，可以将"主页"项修改为自己常用的网站。在"主页"栏目中输入"http://www.gds-lyxx.com"，单击"确定"按钮即可将主页修改成自己喜爱的网页。

（3）双击桌面上的Internet Explorer图标，在IE中即会显示上面操作中设置为主页的网站，如图2-2所示。

图 2-2

2.1.2 图片、文字及网页的下载

我们上网时，为了不至于每次都要打开网页才能对该网页上的有用图片及文字加以应用，甚至为了可以在没有上网的条件下，能够离线浏览我们喜爱的网页，我们需要把这些图片、文字甚至整个网页都下载到自己的电脑里，以方便使用，下面我们来学习如何下载网页上的图片、文字和下载整个网页。

☞ **操作步骤**

（1）打开"中国大酒店"的官方网站，并下载该酒店的图片、文字或网页的地址链接。

（2）在需保存的图片上右击鼠标，在弹出的菜单中选择"图片另存为（S）…"，即可弹出的"保存图片"窗口。

（3）在弹出的"保存图片"窗口中选择保存的位置，输入要保存的文件名，单击"保存"按钮，即可完成图片的保存，如图2-3所示：

（4）选择要保存的文字，右击鼠标，在弹出的菜单中选择"复制"菜单，即可把相应的文字复制到Windows的剪贴板里。

（5）打开文字编辑工具，如Word，右击鼠标，在弹出的菜单中选择"粘贴"，即可把复制的文字粘贴到当前工具窗口中。

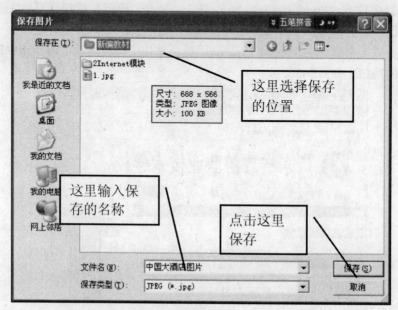

图 2-3

（6）单击"文件"，选择"另存为…"菜单，可以保存整个网页，如图2-4
所示：

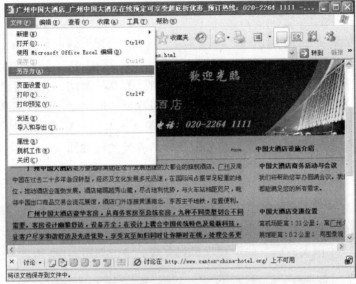

图 2-4

（7）在弹出的窗口中选择要保存的位置，点击"保存类型"下拉列表，选
择"Web网页，全部（*.htm;*.html）"选项，在"文件名"中输入相应的名字，
单击"保存"按钮即可把所有被当前页显示的图像文件一同下载并保存到一个
名为"文件名.file"目录下。如图2-5所示：

图 2-5

（8）打开刚才下载网页的目录，即可在自己的电脑不上网的状态下浏览该网页。

2.1.3 收藏夹的应用

通常我们在上网的时候，都会有一批自己喜欢的网站，并有自己固定的浏览路线。为了避免我们在上网时，不必在每次要访问一个网站，都必须手工输入该网站的网址，我们可以用IE提供的收藏夹，为自己喜爱的网站留下路标、最重要的索引和书签。下面介绍如何把自己喜爱的网站加入收藏夹。

☞ 操作步骤

（1）打开"中国大酒店"的官网，单击收藏按钮"☆收藏夹"，选择"添加..."按钮，即可弹出"添加到收藏夹"窗口，输入要收藏的名称，单击"确定"按钮即可把"中国大酒店"的网页收藏到收藏夹中，如图2-6所示：

图 2-6

（2）选定"允许脱机使用"复选框，单击"自定义"按钮，如图2-7所示：

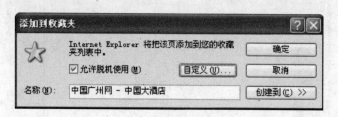

图 2-7

（3）在弹出的"脱机收藏夹向导"对话框中，系统会提示"如果收藏夹的该页包含其他链接，是否要使链接的网页也可以脱机使用？"选定"是"单选框，在"下载与该页链接的XX层网页"中设置层数，最多为3层，单击"下一步"按钮。

（4）有两种同步方式供选择，仅在执行"工具"菜单的"同步"命令时同步和创建新的计划，选择一种后单击"下一步"按钮。

（5）系统问是否有密码，根据我们的需要决定是否要设置密码，单击"完成"按钮，即可将该网站添加到自己电脑的收藏夹里。

（6）打开IE，单击"收藏"菜单中上面收藏的中国大酒店的链接，即可打开"中国大酒店"的网站。

2.2　搜索引擎的应用

互联网的出现改变了人们的生活，而搜索引擎的出现改变了互联网。二十世纪九十年代以前，世界上没有搜索引擎。但伴随着互联网的迅猛发展，面对着成几何级数般增长的信息，网络用户想找到自己所需要的资料如同大海捞针，于是为满足用户信息查询需求的专业搜索引擎便应运而生。Google是一个用来在互联网上搜索信息的简单快捷而强大的工具，目前Google每天处理的搜索请求已达2亿次，而且这一数字还在不断增长。Google数据库存有超过100亿个Web文件，属于全文（Full Text）搜索引擎的代表，也是当今互联网上最流行的搜索引擎。

2.2.1　Google网页搜索

Google搜索引擎界面非常简洁，易于操作。主体部分包括一个长长的搜索框，外加两个搜索按钮、LOGO及搜索分类标签。目前Google目录中收录了上百亿网页资料库，这在同类搜索引擎中是首屈一指的。并且这些网站的内容涉猎广泛，无所不有。而Google的默认搜索选项为网页搜索，用户只需要在查询框中输入想要查询的关键字信息，点击"Google搜索"按钮，瞬间就可以获得想要查询的资料。下面我们用Google搜索"广东省旅游学校"的网页。

☞ 操作步骤

（1）打开IE浏览器，打开Google主页，在搜索栏中输入"广东省旅游学校"，单击"Google搜索"按钮。

（2）在搜索到的结果中找到"广东省旅游学校"的链接，单击即可打开该网页，如图2-8所示：

图 2-8

2.2.2 图片或视频搜索

Google中提供了多种图片及视频分类供我们准确搜索；只要打开Google中专用的图片或视频搜索页面，即可进行图片及视频的搜索，接下来我们搜索一下关于"广东省国际旅游文件节"相关的图片，并把其中一些有用的图片下载到自己的电脑里。

☞ 操作步骤

（1）在IE中打开Google页面，在页面的左上角单击"图片"链接，即可打开Google专用的图片搜索页面。

（2）在搜索栏中输入"广东省国际旅游文化节"，单击"Google搜索"按钮，即可在网络上搜索到与"广东省国际旅游文化节"相关的图片，如图2-9所示：

（3）单击窗口中的图片缩略图，即可打开该缩略图相关的图片，按照之前介绍的图片下载方法，把该图片下载到自己的电脑里即可。

图 2-9

2.2.3 生活搜索

　　Google可以通过生活搜索栏目来搜索您身边的分类生活信息，例如：车票，房屋，餐饮，工作等；接下来我们搜索一下从广州到武汉高铁的详细车次及时间表并把它保存到自己电脑里。

　　☞ 操作步骤

　　（1）点击首页正下方"更多"标签，在搜索服务中选择"生活搜索"，点击"火车票"，在输入栏中分别输入"广州"及"武汉"，单击"搜索生活"按钮。如图2-10、图2-11所示：

图 2-10

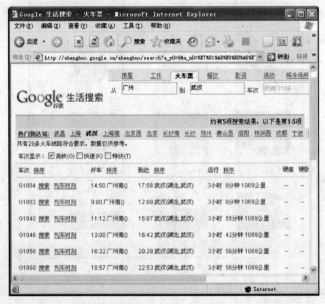

图 2-11

(2) 根据之前学习的方法，选中这些时刻表，把它们复制到Word里面。

2.2.4　Google地图搜索

Google还可以通过地图搜索栏目来搜索您要了解的某个地区的详细地图，或从一个地点到另一个地点的详细里程及驾车行走的方法；接下来我们搜索一下从广州天河体育中心到广州市奥林匹克体育中心自驾车行走的详细地图及里程，并把该地图及里程数保存到自己的电脑里。

☞ 操作步骤

(1) 打开Google网页，单击首页正下方的"地图"标签。

(2) 单击"公交/驾车"标签，在"Ⓐ"中输入"广州市天河体育中心"，在"Ⓑ"中输入"广州市奥林匹克体育中心"，在下拉列表框中选择出行的类型为"驾车"，单击"查询线路"按钮，如图2-12所示。

图 2-12

2.2.5　Google另类功能

Google作为当今最强大的搜索引擎，号称"只有想不到，没有搜不到"，其简洁的界面、简单的操作、快速的查询速度、全面、准确、公正的搜索结果，除了上述的功能以外，Google还有很多的搜索功能，如博客搜索、大学搜索、图书搜索、学术搜索、热榜查看等，另外还有即时翻译、名站导航、网页目录等，在这里我们试用Google的即时翻译功能，翻译李白的诗词名句"飞流直下三千尺，疑是银河落九天"。

☞ 操作步骤

（1）点击首页正下方"翻译"标签。

（2）在输入框内输入要翻译的文字"飞流直下三千尺，疑是银河落九天"，在"源语言"中选择"中文"，在"目标语言"中选择"英语"，单击"翻译"按钮，即可将中文翻译成英文，如图2-13所示：

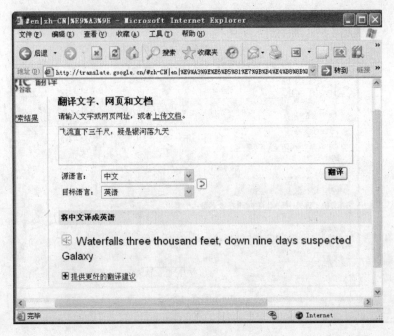

图 2-13

2.3 E-mail的应用

E-mail是Internet中最为流行的一种通信形式，它是一种通过网络与其他用户进行联系的简便、迅速、廉价的现代通讯方式。它不但可以传送文本，还可以传递多媒体信息，如图像、声音等。在通常情况下，一个独立的网络中邮件在几秒钟之内就可以送达对方。如果把消息送到几千英里以外的地方，这个时间通常在1分钟以内。但具体的时间将取决于Internet传输线路中的拥挤程度，以及发送和接收计算机的繁忙程度。以前邮件收发双方不必在同一时间进行通讯，这就可能使很急迫的信息得不到及时回复；但现在和手机联网，可以说只要手机开着就能随时随地收发邮件。

2.3.1 E-mail的申请

新用户首先选定要申请的免费信箱的站点，进入其主页后选择申请注册后将会出现一份协议，包括服务提供者与用户的权利与义务等。当你完全同意该协议后，填写好自己的代号、姓名、性别、所在地等信息。确认后，即可获得了属于你自己的E-mail信箱。下面我们的任务是在"网易"中申请一个自己的邮箱。

☞ **操作步骤**

(1) 打开"http://mail.163.com",单击"注册3G免费邮箱",如图2-14所示:

图 2-14

(2) 输入用户名,单击"下一步"按钮。如图2-15所示:

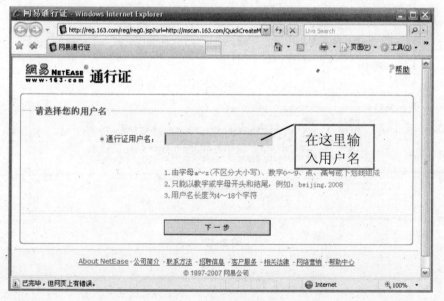

图 2-15

(3) 输入密码等相关信息，单击“我接受，并注册账号”按钮，进入下一个页面，如图2–16、图2–17所示：

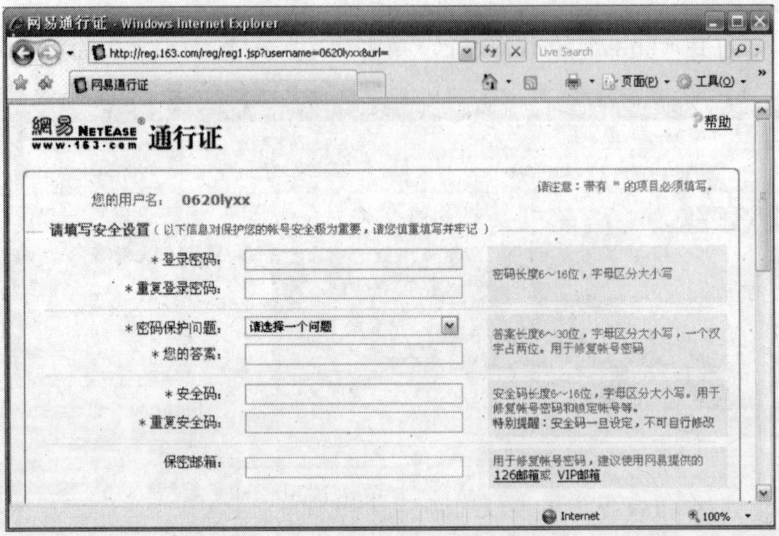

图 2–16

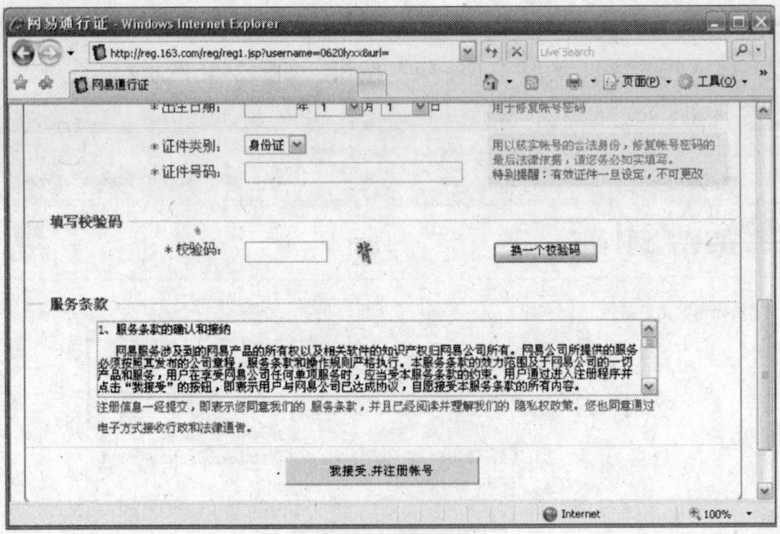

图 2–17

（4）在出现的完成窗口中，单击"开通3G免费邮箱"按钮，如图2–18所示：

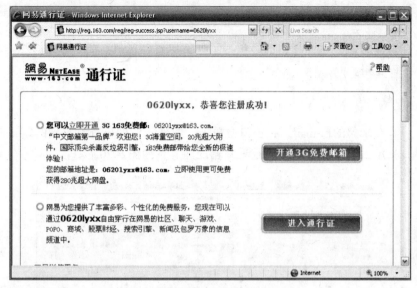

图 2–18

（5）在出现的窗口中选择"进入3G免费邮箱"，即可登录邮箱；如图2–19所示：

图 2–19

2.3.2　E-mail的收发

在上面的操作中，我们已经学习了如何申请E-mail，接下来我们要学习如何收发E-mail。

☞**操作步骤**

（1）登录您的E-mail，在窗口中单击"收件箱"即可查看收到的E-mail。

（2）单击邮箱的标题即可查看邮箱的内容，如图2-20所示：

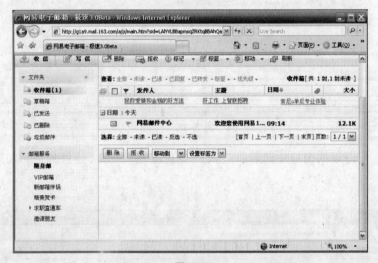

图 2-20

（3）单击"回复"或左边栏的"写信"，即可开始编辑电子邮件，在"收件人"中输入对方电子邮箱的地址，在"主题"中输入邮箱的主题，在文本编辑区输入信件的内容，如图2-21所示。

（4）要添加图片或文件作为附件，请单击"添加附件"按钮。如图2-22所示。

（5）在弹出的"添加附件"窗口中选择相应的附件，单击"打开"按钮，即可返回到写邮件窗口。

（6）单击"发送"按钮，即可完成邮件的发送。

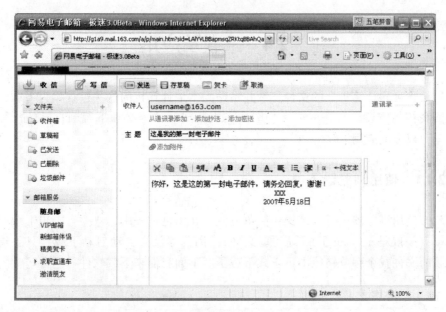

图 2-21

图 2-22

2.4 下载及应用

将远程计算机上的文件复制并粘贴到本地计算机的这一过程称为下载，根据我们的需要，有一些文字、图片、视频或软件等必须下载到自己的计算机里，以方便应用。

2.4.1 使用浏览器下载

使用浏览器进行下载操作简单方便，在浏览过程中，只要点击想下载的链接（一般是zip、rar、exe等类型文件），浏览器就会自动启动下载，只要给下载的文件找个存放路径即可正式下载了。下面我们来下载软件"迅雷"。

☞ 操作步骤

（1）启动IE，打开网页"www. pconline.com.cn/download/"，在出现的窗口中的搜索栏中输入"迅雷"，单击"搜索"按钮，如图2-23、图2-24所示：

图 2-23

图 2-24

（2）单击搜索到该软件的地址链接，即可进入软件简介页面，如图2-25所示：

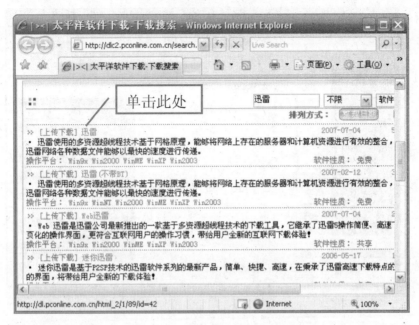

图 2-25

(3) 单击下载链接按钮，在弹出的软件"另存为"对话框中选择要保存的位置，单击"保存"按钮，即可下载该软件；如图2-26、图2-27所示：

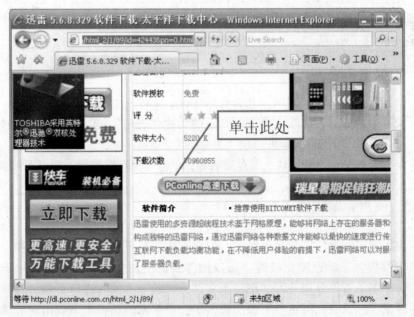

图 2-26

图 2-27

2.4.2 音乐或视频的下载

音乐和视频是互联网上比较广泛的声音或视频文件，很多时候，我们需要把它们下载到我们的电脑里，以方便收听或收看。接下来我们来下载一个音乐文件。

☞ *操作步骤*

（1）打开音乐下载网站"九天音乐 (http://www.9sky.com)"。
（2）在"歌曲"中输入要下载音乐的名称"夜曲"，单击"搜索"按钮。
（3）单击"下载"，即可弹出"另存为"窗口。
（4）选择保存位置，输入保存的名称，单击"保存"按钮，即可下载音乐。

2.4.3 使用专业软件下载

使用浏览器进行下载虽然简单，但也有它的弱点，那就是功能太少、不支持断点续传、下载速度比较慢。所以推荐我们使用专业的下载软件来下载文件，它使用了文件分切技术，把一个文件分成若干份同时进行下载，这样下载软件时就会感觉到比浏览器下载的快多了，更重要的是，当下载出现故障断开后，下次下载仍旧可以接着上次断开的地方下载，怎么样？如果你也想感受一下就去下载一个来试试吧。这里以"迅雷"为例，下载软件Google Earth。

☞ **操作步骤**

(1) 在开始程序或桌面上启动运行"迅雷"专业下载软件的程序，如图2-28所示：

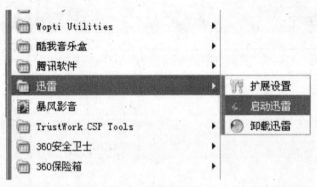

图 2-28

(2) 打开Google，在搜索栏中输入"Google Earth"，单击"手气不错"按钮，即可打开"Google Earth"软件的下载地址链接，单击"下载Google 地球5"，如图2-29。

图 2-29

（3）在弹出的迅雷文件下载窗口中的"存储路径"中选择保存到本地电脑的路径，在"文件名称"里输入要保存的名字，单击"立即下载"按钮即可进行下载。如图2-30所示：

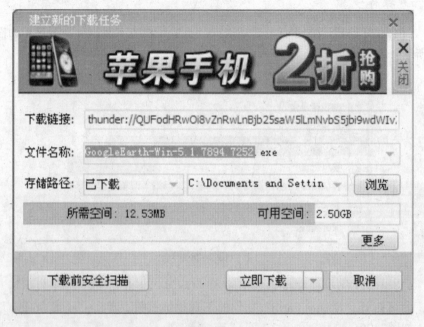

图 2-30

2.4.4　软件的安装与使用

我们在下载一个软件以后，往往需要对该软件进行安装，才能使用该软件。下载软件时有时候是安装文件，有时候却是软件安装的压缩包，如果是软件的安装文件，我们只要运行该安装文件即可安装该软件，如果是软件安装的压缩包，就必须先对该压缩包进行解压缩，才可以安装该软件。接下来我们对上面已下载的Google Earth软件进行安装及简单的操作。

☞ **操作步骤**

（1）打开保存Google Earth软件的文件夹,运行Google Earth的安装文件。

（2）选择要安装到本地电脑的目录，单击"Install"，按照提示，一步一步地完成该软件的安装。

（3）运行Google Earth。

（4）在"Fly to"中输入"Guangzhou"，单击输入框旁边的" 🔍 "按钮，即可进入广州的卫星地图范围，如图2-31所示。

图 2-31

（5）单击地图右边的""，可以不断的放大地图，直到看到地面上的建筑物为止；在地图上按下鼠标左键不放，鼠标的指针会变成手形，此时可以拖动地图的调整位置，即可找到天河体育中心。如图2-32所示：

图 2-32

（6）如图2-33所得单击菜单"File"→"Save"→"Save Image…"，即可弹出保存图片对话框，选择要保存到的本地路径，在"名称"框中输入相应的名称，单击"保存"按钮，即可完成图片的保存。

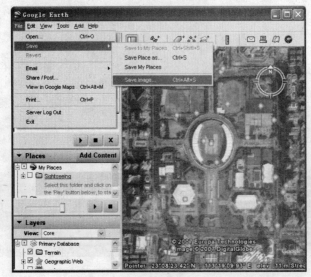

图 2-33

2.5　IIS的应用

网络的迅速发展使宽带走入寻常百姓家，广大网络爱好者也勇于尝试，在自己的电脑上建设自己的网站或建立自己的文件传输网络空间。利用Windows XP的组件IIS（Internet Information Server，互联网信息服务）就可以轻松满足我们建站的要求，而且安全性能不错。IIS是一种Web（网页）服务组件，其中包括Web服务器、FTP服务器、NNTP服务器和SMTP服务器，分别用于网页浏览、文件传输、新闻服务和邮件发送等方面。

2.5.1　架设Web网站

利用Windows XP中的IIS组件，我们可以轻松地在网络架设自己或公司的Web网站，树立自己的形象，宣传公司的产品等。IIS作为Windows XP的可选组件，一般不随系统自动安装，只在我们需要时，手动安装该组件。下面我们来看一下如何安装该组件。

☞ **操作步骤**

（1）安装IIS，打开"控制面板"，双击"添加或删除程序"，如图2-34所示：

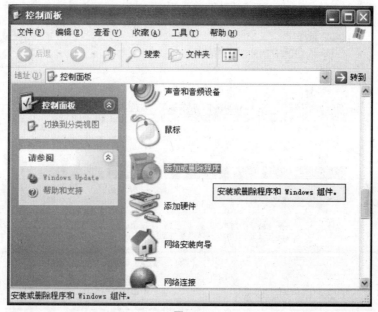

图 2-34

（2）点击界面左侧的"添加/删除Windows组件"，如图2-35所示：

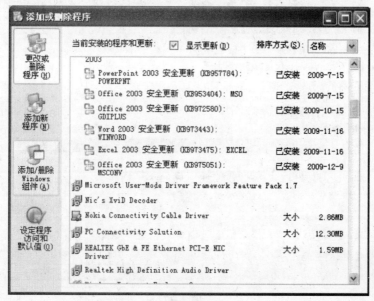

图 2-35

（3）在"Windows 组件向导"里勾选"Internet 信息服务 (IIS)"，单击"详细信息"按钮，选中"文件传输协议 (FTP) 服务"，单击"确定"按钮，如图 2-36、图2-37所示：

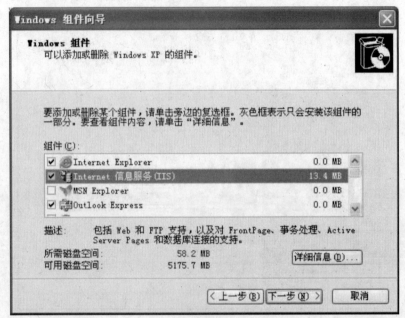

图 2-36

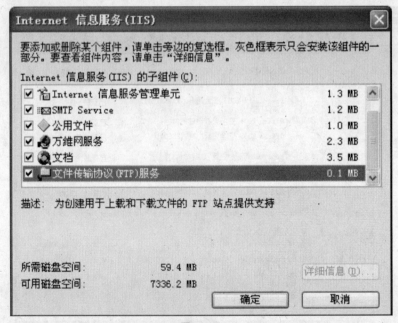

图 2-37

（4）点击"下一步"，开始安装IIS，会提示"插入磁盘"，如图2-38所示：

图 2-38

（5）点"确定"后出现"所需文件"对话框，如图2-39所示：

图 2-39

办 公 应 用 软 件 教 程

Ban Gong Ying Yong Ruan Jian Jiao Cheng

（6）点"浏览"，然后选择你下载解压后的IIS安装包，然后点"打开"。整个安装过程会弹出数次"所需文件"对话框，接下去只需点"浏览"，选中所需文件后点"打开"即可，如图2-40所示：

图 2-40

（7）IIS的安装就完成后，再次打开"控制面板"里面的"管理工具"，就会看到"Internet 信息服务"，双击打开，如图2-41所示：

图 2-41

（8）展开左侧的目录树，在"默认网站"上右键，选择"属性"，打开"默认网站 属性"对话框，如图2-42所示：

图 2-42

（9）点击"主目录"设置选项卡，在本地路径里点"浏览"，选择你的网站程序所在的位置，点击"确定"按钮返回，如图2-43所示：

图 2-43

(10) 在"执行权限"里选择"脚本和可执行程序",然后点"确定",如图2-44所示:

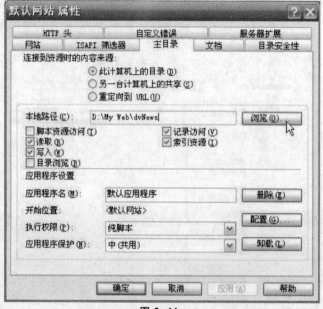

图 2-44

(11) 到此网站的基本设置完成了,打开IE浏览器,在地址栏里输入"HTTP://localhost"回车,就可以访问用户自己设置网站了,如图2-45所示:

图 2-45

2.5.2　建立ftp服务器

FTP是File Transport Protocol的简称，其作用是使连接到服务器上的客户可以在服务器和客户机间传输文件。除WWW服务外，FTP也算是使用最广泛的一种服务了，同WWW服务一样，IIS默认有一个默认的FTP站，你可以通过修改默认FTP站点来满足你的需要。

☞ 操作步骤

（1）确认IIS中是否已安装FTP服务组件——"文件传输协议（FTP）服务"，如果没有安装，则需要安装该组件，如图2-46所示：

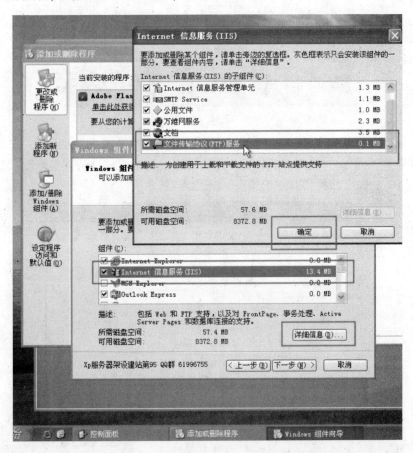

图 2-46

（2）打开"Internet信息服务"，在默认FTP站点上点右键，在弹出的菜单中选择"属性"，打开"默认FTP站点属性"对话框，如图2-47所示：

图 2-47

（3）在"FTP站点"选项卡中的"描述"项中输入：我的FTP，IP地址及端口用默认值，一般不需要更改，连接数可以根据用户自己需要修改，这里改为"10"，勾上"启用日志记录"。如图2-48所示：

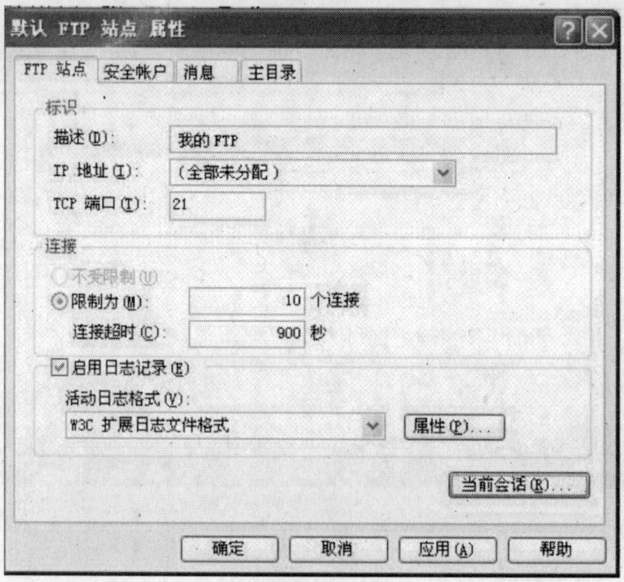

图 2-48

（4）选中"主目录"选项卡，设置FTP站点在本地的路径，根据需要选中
"读取"、"写入"及"记录访问"。如图2-49所示：

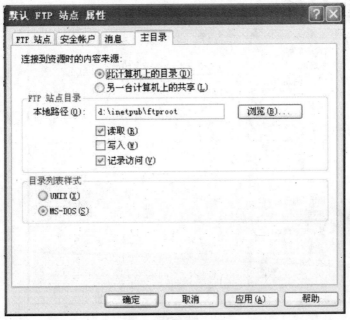

图 2-49

（5）在"安全账户"选项卡中修改账户信息，根据自己的需要修改，允许
匿名连接选项一定要填上，否则用户访问此站点时需要用户名和密码。如图2-
50所示：

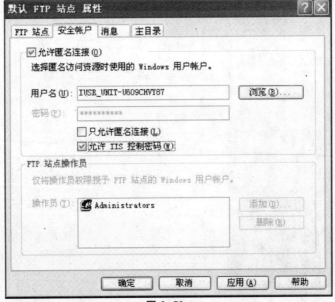

图 2-50

(6) 在"消息"选项卡中定义用户访问FTP站点和退出站点时的信息以及最大连接数,单击"确定"按钮,即可完成FTP站点的设置。如图2-51所示:

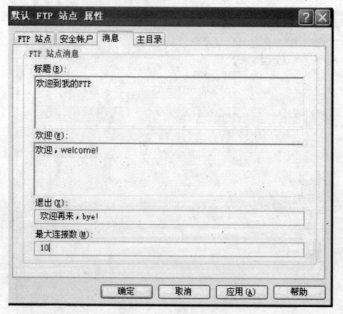

图 2-51

(7) 下面来测试一下FTP站点是否建立成功,打开IE浏览器窗口,在地址栏中输入"Ftp://localhost"回车,如无意外,即可出现如图2-52所示的内容:

图 2-52

2.6　综合练习

　　任务一：上网浏览下面网站：广州旅游网（http://www.visitgz.com/）、携程旅游网（http://www.ctrip.com/）、百度地图（http://map.baidu.com/）、太平洋电脑网（http://www.pconline.com.cn/）。

　　任务二：利用搜索引擎（http://www.baidu.com/或http://www.google.com.hk/）查找"旅游"或"酒店"的信息。

　　任务三：打开中国旅游网（http://www.china.travel/），并把它设为主页。

　　任务四：打开下载网站，下载软件Adobe Reader并安装。

　　任务五：下载Google Earth，安装运行，查找广东省旅游学校的卫星地图、自己家的卫星地图，并保存起来。

　　任务六：访问互联网，下载一首自己喜欢的歌曲。

　　任务七：访问互联网，下载一些旅游景点的图片。

　　任务八：申请163免费邮箱（http://mail.163.com/），给老师和同学发送一封邮件，将上面下载的图片作为附件。

第3章 Word 2003

Office是Microsoft公司推出的桌面办公软件，随着Windows操作系统的升级，Office也不断升级。先后有Office 97、Office 2000、Office 2003、Office 2007、Office 2010版本，其功能不断加强，当然，所占空间也越来越大，对硬件的要求也越来越高。

Word 2003是微软公司推出Office 2003软件包中最重要的部分之一，是目前最受欢迎一款功能强大的文字处理软件，利用它可以创建和编排各种图文并茂的文档和网页。

Word 2003的使用范围很广。利用它可以编排各种格式的文档，如公文、报告、论文、书信、简历、杂志和图书等。一般来说，用Word 2003编排文档大致包括文字输入与编辑，文档格式与编排，页面设置与打印输出，插入图形、图像和表格等。

3.1 入 门

Word 2003是全世界通用的办公软件，同其前面的版本相比，Word2003的操作界面更加友好，新增了许多任务窗格和阅读版式视图特性，功能更加强大和完善。下面让我们从启动Word 2003开始一起来走进Word的世界。

启动Word 2003后即可进入其工作界面，如图3-1所示，它主要由标题栏、菜单栏、文档编辑区、标尺、滚动条和状态栏等组成。

❖ 标题栏：标题栏位于Word 2003窗口的最顶端，标题栏上显示了当前编辑的文档名称及程序名称。

❖ 菜单栏：位于标题栏下方，Word 2003将用于文档的所有命令组都存放在不同的菜单栏中。在每一个菜单中都有各自的子菜单，不同的工具命令会显示在相应的菜单中。一般情况下单击某一菜单会显示其常用的工具命令或子菜单，如需要显示完整的菜单则需单击展开按钮 。

❖ 工具栏：工具栏可以根据用户需要在"视图"菜单中调出。Word的工具栏的位置还可以随意移动。如图3-2所示，可利用Word的格式工具栏对Word文档进行简单的格式化操作。工具栏上的图标按钮提供了操作Word 2003的最直接方法，它们与菜单操作等同。把鼠标光标移到工具栏的按钮处，系统将给出按钮的功能提示。

✧ 文档编辑区：位于Word窗口中心空白区域是文档编辑区。编辑区中闪烁的黑色竖线称为光标，用于显示当前文档正在编辑的位置。

✧ 标尺：文档编辑区的上方和左侧分别显示有水平标尺和垂直标尺，用于指示文字在页面中的位置。若标尺未显示，可通过"视图"菜单中"标尺"工具命令将其显示出来，再次单击该命令，可将标尺隐藏。

✧ 滚动条：当文档内容过长，不能完全显示在窗口中，在文档编辑区的右侧和下方会显示垂直滚动条和水平滚动条，通过拖动滚动条上的滚动滑块，可以查看隐藏的内容。

✧ 状态栏：状态栏位于窗口的最底部，用于显示当前文档的一些相关信息，如当前的页码及总页码、光标所在位置、文章的行数与列数等。

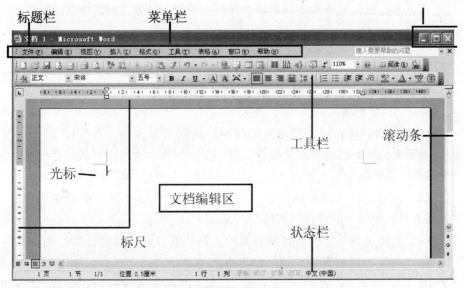

图 3-1

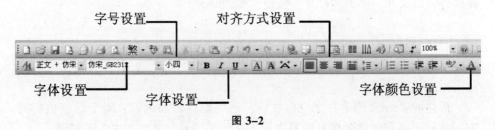

图 3-2

3.1.1 启动和退出Word 2003的方法

安装好Office 2003软件后，就可以启动Word 2003程序了。接下来让我们一起来了解启动和退出Word 2003的方法。

☞ **操作步骤**

（1）单击"开始"按钮，然后选择"所有程序" | "Microsoft Office" | "Microsoft Word 2003"项。

（2）单击窗口标题栏右侧的"关闭"按钮 ☒ 即可退出程序。

3.1.2 新建、保存、关闭和打开文档

打开Word 2003后，用户可以根据实际情况的需要创建或打开多个Word文档，接下来让我们一齐来学习新建、保存、关闭和打开文档的方法。

☞ **操作步骤**

（1）启动Word 2003时，程序会自动创建一个空白文档。此时若要再次创建一个新的空白文档，可以单击工具栏上的"新建空白文档"按钮，或单击"文件" | "新建"项。

（2）文档创建完毕，需要将其保存，此时可单击"文件" | "保存"项。打开"另存为"对话框，在"保存位置"下拉列表中选择文档的保存位置，在"文件名"编辑框中输入文件名称，单击"保存"按钮即可将文档保存。

（3）若对文档的编辑操作已完成，可将其关闭，此时可单击窗口右上角"关闭窗口"按钮，或单击"文件" | "关闭"项。

（4）关闭文档后，要再次编辑文档，需将其打开。要打开已创建的文档，可使用"打开"对话框。方法是单击常用工具栏上的"打开"按钮 或单击"文件" | "打开"项，在"查找范围"下拉列表中选择文件所在位置，然后选择要打开的文件，单击"打开"按钮，如图3-3所示。

3.2 文本输入与编辑

新建的Word文档是一个空白文档，需要向其添加内容；对于已有内容的Word文档，则可能需要向其增补内容，这些都需要通过输入文本来实现。

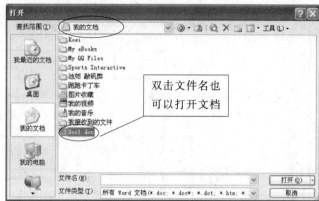

图 3-3

3.2.1 输入文本和特殊符号

启动Word 2003后，在工作区中会有闪烁的光标显示，光标显示的位置就是文档当前正在编辑的位置。这时，我们就可以选择一种输入法，在文档中输入文本。下面以创建"好消息"文档为例进行介绍Word 2003中输入文本和特殊符号的方法。

✿ 使用范例文档：空白Word文档
✿ 使用结果文档：样文3-21.doc

☞ 操作步骤

（1）在编辑区中单击鼠标激活窗口，然后选择所需要的输入法输入文本"好消息"，输入的文本会显示在光标（插入符）显示的位置，如图3-4所示。

图 3-4

（2）继续输入其他文本。一个段落输入完毕，按【Enter】键开始新的段落。当输入满一行时，Word会自动换行，需要空字符的地方按空格键，如图3-5所示。

（3）如果要在文档中输入一些键盘上没有的特殊符号，可单击"视图"|"工具栏"|"符号栏"，把"符号"工具栏显示出来。光标移到要插入符号的位置，在符号工具栏中找到要插入的符号，单击该符号，即可在当前位置插入符号。

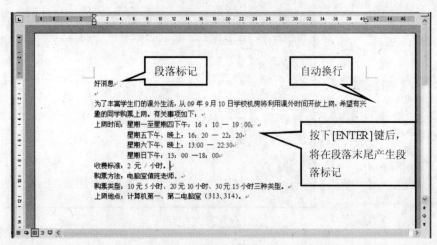

图 3-5

（4）对照样文3-21.doc，完成文档的录入并注意在文档中的其他地方插入"⇨"、"◆"等特殊符号，如图3-6所示。

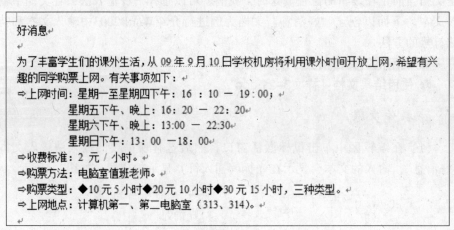

图 3-6

（5）单击常用工具栏中的"保存"按钮，在打开的"另存为"对话框中选择保存位置并输入文档名称"好消息"，然后单击"保存"按钮。

3.2.2 增加、删除与改写文本

完成文档内容的输入后，还可根据需要对文档内容进行增加、删除或改写。下面我们继续在"好消息"文档中进行操作，学习文本的增加、删除与改写文本方法。

☞ **操作步骤**

（1）要增加文档的内容，可选择要增加内容的位置，如图3-7左图所示，然后输入内容，如图3-7右图所示。

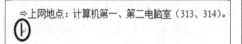 

图 3-7

（2）要删除文档中不再需要的内容，可首先将光标放置在该位置，然后按【BackSpace】键可删除光标左侧的字符，按【Delete】键可删除光标右侧的字符，如图3-8所示。

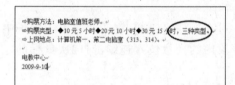 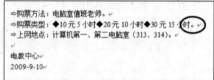

图 3-8

（3）把光标定位在要进行改写的位置，如图3-9上图所示，双击状态中的"改写"按钮或者按【Insert】键，此时"改写"按钮会变为黑色，表示进入"改写"状态，在这情况下，新键入的字符会代替原有的字符，如图3-9下图所示。

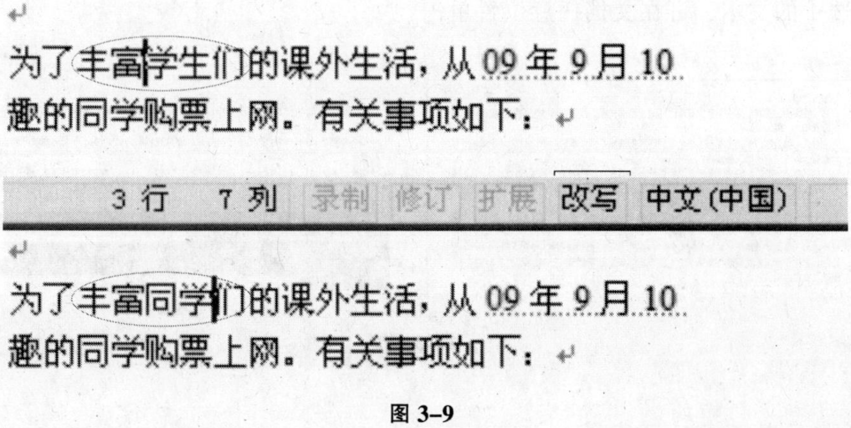

为了丰富学生们的课外生活，从09年9月10
趣的同学购票上网。有关事项如下：

| 3 行 | 7 列 | 录制 修订 扩展 | 改写 | 中文(中国) |

为了丰富同学们的课外生活，从09年9月10
趣的同学购票上网。有关事项如下：

图 3-9

3.2.3 文本的选取、移动与复制

当需要对某些文本进行操作时，如删除、移动、复制文本，或设置文本字体的格式等都需要先选中文本，然后再执行相应的操作。文本的选取方法有多种，具体如下：

✧使用拖动方法选择文本：这是最常用的一种文本选择方法。将光标移至要选定文本的开始处，按住鼠标左键不放，拖动鼠标至要选定文本的末端，释放鼠标，被选择的文本呈黑色底纹显示。

✧使用拖动方法选择多行：将鼠标指针移到文档左侧，当鼠标指针呈 ⚟ 形状时，按下鼠标左键不放，向上或向下拖动鼠标，可选择若干连续行，被选择的文本呈黑色底纹显示。

✧配合【Shift】键选择文本：在要选择的文本之前单击鼠标，确定要选择文本的初始位置，然后按住【Shift】键的同时在要选择文本的结束位置单击鼠标，可选中从初始到结束位置之间的文本。

✧其他选择方法：要选择一句话，可在按住【Ctrl】键的同时单击句子中的任意位置；要选择一个段落，可在该段内的任意位置连续击打3次鼠标的左键。

❈ **使用范例文档：公园上网椅.doc**
❈ **使用结果文档：样文3-23.doc**

☞ **操作步骤**

（1）选中需要编辑的文本，如图3-10所示。（当鼠标移到文档左侧指针呈 ⚟ 形状时，单击可选择单行，双击可选择一段，三击可以选择整篇文档。要取消选中的文本，可在文档任意位置单击）

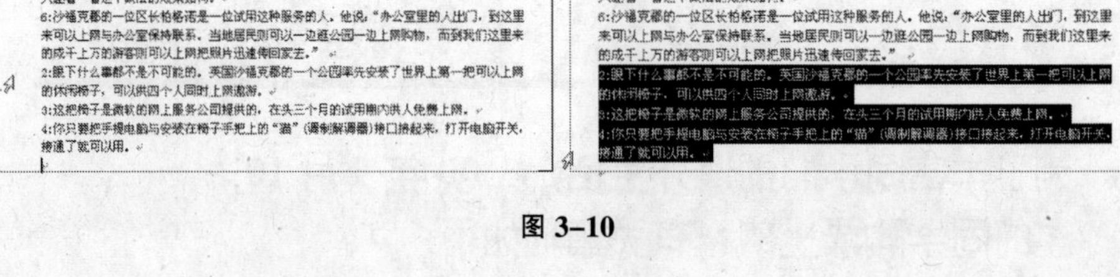

图 3-10

（2）将第2、3、4段文本移至第1段文档后。移动和复制文本的方法有两种：一种是使用鼠标拖动；另外一种是使用"剪切"、"复制"和"粘贴"命令。若是短距离移动文本，使用鼠标拖动法效率要高一些。将鼠标指针移到刚刚选中的文本上，然后按住鼠标左键将所选文本拖到第5段第一个字符的前面。释放鼠标左键，所选文本就会从原来位置移动到新位置，如图3-11所示。

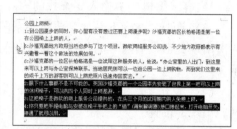

公园上网椅

1：到公园漫步的同时，你心里有没有想过还要上网漫步呢？沙福克郡的区长柏格诺是第一位在公园椅上上网的人。

2：眼下什么事都不是不可能的。英国沙福克郡的一个公园率先安装了世界上第一把可以上网的休闲椅子，可以供四个人同时上网遨游。

3：这把椅子是微软的网上服务公司提供的，在头三个月的试用期内供人免费上网。

4：你只要把手提电脑与安装在椅子手把上的"猫"（调制解调器）接口接起来，打开电脑开关，接通了就可以用。

5：沙福克郡地方政当然也参与了这个项目。微软网络服务公司说，不少地方政府都表示有兴趣看一看这个做法的效果如何。

6：沙福克郡的一位区长柏格诺是一位试用这种服务的人。他说："办公室里的人出门，到这里来可以上网与办公室保持联系。当地居民则可以一边逛公园一边上网购物，而到我们这里来的成千上万的游客则可以上网把照片迅速传回家去。"

图 3-11

（3）选中标题文字，单击右键菜单中的"复制"命令。

（4）将光标移到新位置，右击鼠标选择"粘贴"或者按【Ctrl+V】组合键，即可将文本移动或复制到新位置。

3.2.4　文本的查找与替换

利用Word 2003提供的查找与替换功能，不仅可以在文档中迅速查找到相关内容，还可以将找到的内容替换成其他内容。接下来让我们继续以"公园上网椅"这篇文档为例来学习文本的查找与替换的方法。

☞ 操作步骤

(1) 如果要查找文档中的相关内容，可在文档中的某个位置单击，确定查找的位置开始。

(2) 单击菜单"编辑"|"查找"，即可弹出"查找和替换"对话框，在"查找内容"编辑框中输入要查找的内容，如"上网"。

(3) 单击"查找下一处"按钮，系统将从光标位置开始查找，然后停在第一次出现文字"上网"的位置，查找到的内容会呈黑色底纹显示，如图3-12所示。

(4) 单击"查找下一处"按钮，系统将继续查找，并停留在下一个"上网"出现的位置。

(5) 对整篇文档查找完毕后，单击"取消"按钮，关闭"查找和替换"对话框。

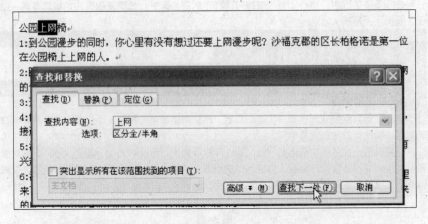

图 3-12

在编辑文档时，假如想要统一对整个文档中的某一单词或词组进行修改，这时可以使用替换命令来进行操作，这既加快了修改文档的速度，又可避免重复错误。接下来我们将"公园上网椅"文档中的所有"公园"文本改为"园林"。

☞ 操作步骤

(1) 打开"查找和替换"对话框，切换到"替换"选项卡，如图3-13所示。

(2) 在"查找内容"编辑框中输入要查找内容，如"公园"。

(3) 在"替换为"编辑框中输入替换为的内容，如"园林"。

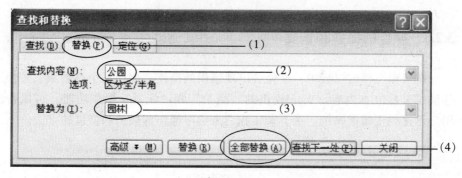

图 3-13

（4）单击"全部替换"按钮，文档中的全部"公园"都被替换为"园林"。替换完成后，在显示的提示对话框中单击"确定"按钮，然后关闭"查找和替换"对话框。

在"查找和替换"对话框中单击"高级"按钮，展开对话框，如图3-14所示。其中：选中"区分大小写"复选框，可在查找和替换内容时区分英文大小写；选中"使用通配符"复选框，可在查找和替换时使用"?"和"*"通配符。

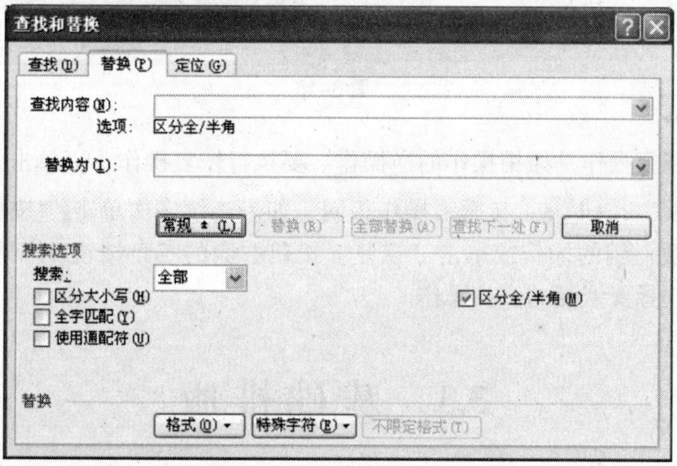

图 3-14

单击"特殊格式"按钮，可查找和替换诸如段落标记、手动换行符等特殊符号。单击"格式"按钮，还可以查找具有特定格式的内容，或者将内容替换为特定的格式（即可以同时更改内容和格式），此时"不限定格式"按钮有效。如果取消格式限制，可单击"不限定格式"按钮。

3.2.5　操作的撤销和恢复

在编辑文档的过程中，难免会出现错误的操作，比如不小心删除、替换或移动了某些文本内容。Word提供的"撤销"和"恢复"操作功能，可以帮助用户迅速纠正错误操作。接下来让我们来学习操作的撤销和恢复的方法。

☞ *操作步骤*

（1）要撤销最后一步的操作，可单击常用工具栏上的"撤销"按钮 ↺ 或按【Ctrl+Z】组合键。要撤销多步操作，可重复单击按钮 ↺ 。此外，还有更简单的方法：单击"撤销"按钮右侧的三角按钮 ▼ ，将展开一个列表，在列表中移动鼠标至要撤销的操作处单击，则此操作前的所有操作将被撤销，如图3-15所示。

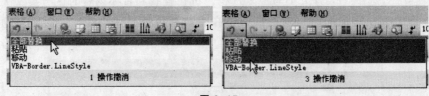

图 3-15

（2）恢复操作是撤销操作的逆操作。要执行恢复操作，可单击常用工具栏上的"恢复"按钮 ↻ 。与撤销操作相同，如果连续多次单击 ↻ 按钮，可连续恢复多步被撤销的操作或单击"恢复"按钮右侧的三角按钮 ▼ ，从弹出的下拉列表中选择要恢复的多步操作。

3.3　基础排版

为文档设置必要的格式可以使文档版面看起来美观，从而便于读者阅读和理解文档的内容。文档格式的编排主要包括字体格式设置、段落格式设置、边框和底纹设置等，下面分别进行介绍。

3.3.1　设置字体格式

在默认情况下，Word 2003使用的字体为宋体、字号为五号。若要设置文档中的字体、字号、字形等，可使用"格式"菜单中的"字体"来打开"字体"对话框。下面我们通过设置"好消息"文档中标题和正文的字体格式来学习字体格式的设置方法。

❋ 使用范例文档：好消息.doc
❋ 使用结果文档：样文3-31.doc

☞ 操作步骤

（1）打开文档"好消息.doc"，选择要进行字体格式设置的标题文本"好消息"。

（2）单击菜单"格式"｜"字体…"，打开"字体"对话框，如图3-16左图所示，设置字体为"楷体"，字形为"加粗"，字号为"一号"，字体颜色为"蓝色"；单击字符间距选项卡，如图3-16右图所示，单击"间距"下拉列表框，选择间距的类型为"加宽"，在同行的磅值栏上输入"5磅"。

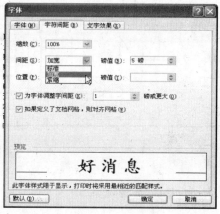

图 3-16

（3）单击"确定按钮"，完成标题设置。

（4）如图3-17所示，选择正文文本，使用步骤2的方法设置其余的文本：字体为"楷体"，字号为"三号"。

选中文字后，利用格式的工具栏也可以设置文字的字体格式。此外，利用该工具栏中的"**B**"、"*I*"、"U"、"A"按钮可以对文章进行"加粗"、"倾斜"、"下划线"、"字体颜色"设置，如图3-18所示。

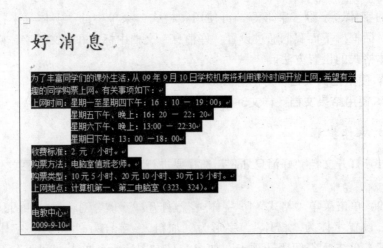

图 3-17

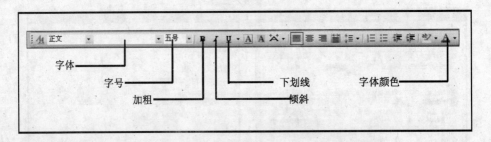

图 3-18

3.3.2 设置段落格式

段落是以回车符"↵"为结束标记的内容。段落的格式设置主要包括段落的对齐方式、段落缩进、段落间距以及行间距等。下面我们继续通过对"好消息"这篇文档进行设置来学习段落对齐、段落缩进、间距和行距的设置方法。

☞ **操作步骤**

（1）默认情况下，Word 2003中段落的对齐方式为两端对齐，要改变段落的对齐方式，可将光标置于需要改变段落对齐方式的段落中，如标题文本段落中，如图3-19所示。

（2）单击格式工具栏中的对齐按钮"居中"，如图3-20左图所示，则效果如图3-20右图所示。

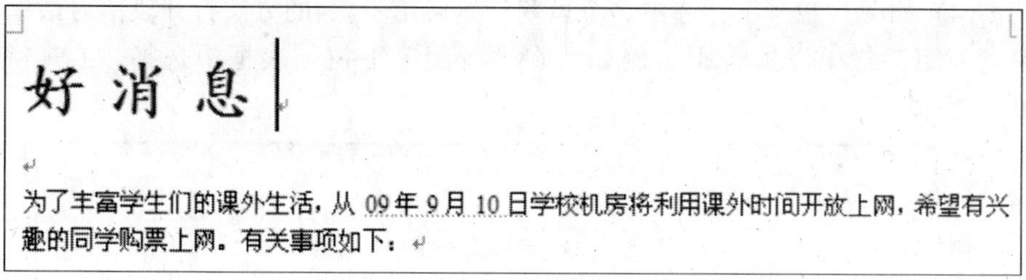

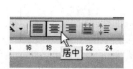

好 消 息
为了丰富学生们的课外生活，从 09 年 9 月 10 日学校机房将利用课外时间开放上网，希望有兴趣的同学购票上网。有关事项如下：

图 3–19

居中
好 消 息
为了丰富学生们的课外生活，从 09 年 9 月 10 日学校机房将利用课外时间开放上网，希望有兴趣的同学购票上网。有关事项如下：

图 3–20

(3) 将光标置于第1段中，然后单击菜单“格式”|“段落…”，如图3–21所示，打开“段落”对话框。在“缩进”栏中设置缩进方式，例如，在“特殊格式”下拉列表框中选择“首行缩进”项（默认“磅值”为“2字符”）；在“间距”栏中分别设置“段前”、“段后”距离为“0.5行”。完成设置后，单击“确定”按钮。

段落
缩进和间距(I)
换行和分页(P)
中文版式(H)
常规
对齐方式(G):
两端对齐
大纲级别(O):
正文文本
缩进
左(L):
0 字符
右(R):
0 字符
特殊格式(S):
首行缩进
度量值(Y):
2 字符
如果定义了文档网格，则自动调整右缩进(D)
间距
段前(B):
0.5 行
段后(E):
0.5 行
行距(N):
单倍行距
设置值(A):
在相同样式的段落间不添加空格
如果定义了文档网格，则对齐网格(W)
预览
制表位(T)...
确定
取消

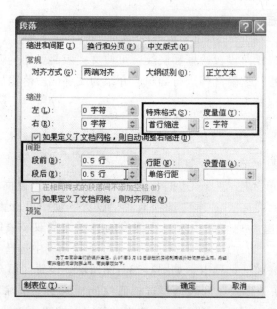

图 3–21

（4）如图3-22所示，选中多个段落。然后用步骤4的方法打开段落对话框，在"间距"栏中设置行距，例如，在"行距"下拉列表框中选择"1.5倍行距"。完成后单击"确定"按钮。

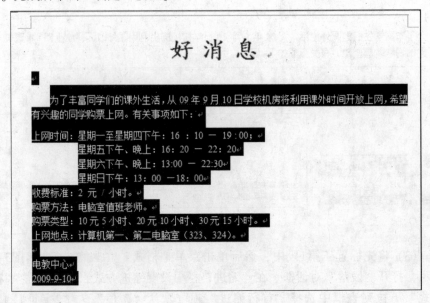

图 3-22

3.3.3　设置边框和底纹

为选定文字或段落设置边框和底纹，可使文档版面更加美观。下面我们继续通过对"好消息"这篇文档进行编辑，介绍为文字或段落添加边框和底纹以及为页面添加边框的方法。

☞ 操作步骤

（1）选中标题文字。

（2）单击菜单"格式"|"边框和底纹…"，即可弹出边框和底纹对话框。如图3-23左图所示，在"边框"选项卡的"设置"项中可设置边框的类型为"方框"，在"线型"列表框中选择边框线的类型为"双实线"，"颜色"为"红色"及"宽度"为"1/2磅"。在"应用于"下拉列表中选择"文字"。

（3）单击"底纹"选项卡，如图3-23右图所示。设置"填充"项目里的颜色为"青绿"，在"样式"列表框里选择底纹的样式为"清除"在"应用于"下拉列表中选择"文字"。设置完毕，单击"确定"按钮，效果如图3-24所示。

图 3—23

图 3—24

（4）对"好消息"整篇文档设置页面边框，打开"边框和底纹"选项内的"页面边框"选项卡。在"设置"项中可设置边框的类型为"三维"，然后设置线条样式、线条颜色和宽度，最后单击"确定"按钮即可完成设置，如图3—25所示。

图 3—25

3.3.4 使用项目符号和编号

在编辑文档时，为了使叙述更有层次性，经常需要给一组连续段落添加项目符号或编号。Word 2003具有自动添加项目符号和编号的功能，我们可以在输入内容时自动产生项目符号和编号，也可以在输入完成后再进行添加。下面我们继续通过对"好消息"这篇文档进行编辑来学习为段落添加项目符号和编号的方法。

☞ 操作步骤

（1）选中要添加项目符号的段落，如图3-26左图所示。

（2）单击菜单"格式"｜"项目符号和编号…"，即可打开项目符号和编号对话框，如图3-26右图所示，在"项目符号"选项卡中选择要求的项目符号。

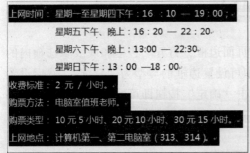

图 3-26

（3）单击"确定"按钮即可完成项目符号与编号的添加，效果如图3-27所示。

┿ 上网时间：星期一至星期四下午：16 ：10 — 19：00

　　　　星期五下午、晚上：16：20 — 22：20

　　　　星期六下午、晚上：13:00 — 22:30

　　　　星期日下午：13：00 —18：00

┿ 收费标准：2 元 / 小时。

┿ 购票方法：电脑室值班老师。

┿ 购票类型：10 元 5 小时、20 元 10 小时、30 元 15 小时。

┿ 上网地点：计算机第一、第二电脑室（313、314）。

图 3-27

3.4 高级排版

Word除了对文字、段落进行格式化以外，还可对整编文档或者文档中的段落进行分栏排版，甚至可以对页面进行格式化。利用"页面设置"对话框，可以对纸张大小、纸张方向和页边距等进行设置，这些设置虽然是为打印文档作准备，但最好在输入、编排文档之前进行，若在编排文档后再设置，可能会使文档版式发生变化。除此以外Word 2003还有与其他文档进行合并的功能。下面让我们通过"体育世界.doc"这篇文档来介绍Word排版的其他操作。

3.4.1 设置纸张规格

设置纸张的规格包括纸张大小设置以及页边距的设置。默认情况下，Word中的纸型是标准的A4纸，其宽度是21cm，高度是29.7cm。用户可以根据需要改变纸张的大小。页边距则是打印纸的边缘与正文之间的距离，分上下左右，还有纸张的方向等。默认情况下，Word创建的文档是"纵向"，顶端和底端各留有2.54厘米的页边距，两边各留有3.17厘米的页边距。用户可以根据需要修改页边距和纸张方向。

✽ 使用范例文档：体育世界.doc
✽ 使用结果文档：样文3-41.doc

☞ 操作步骤

（1）单击菜单"文件"|"页面设置…"，弹出页面设置对话框，单击"纸张"选项卡，然后在"纸张大小"下拉列表中选择所需要的纸型，或者直接在"宽度"和"高度"编辑框中个输入数值并确定即可，如图3-28左图所示。

（2）打开"页面设置"对话框中的"页边距"选项卡，然后在"页边距"设置区中输入如图3-28右图所示的参数。

（3）完成设置后，单击"确定"按钮。

图 3-28

3.4.2 添加页眉和页脚

页眉和页脚分别位于文档页面的顶部和底部，常常用来插入标题、页码、日期等文本或公司标徽等图形或符号，其高度和宽度由所设页边距确定。

用户只需在页眉和页脚编辑区中输入内容，Word会自动把它们添加到文档的每一页上。此外，用户还可以根据需要使首页不要页眉或页脚，或者分别为奇数页和偶数页设置不同的页眉和页脚。

下面我们继续通过对"体育世界"这篇文档进行设置来学习为文档设置页眉和页脚的方法。

☞ 操作步骤

（1）设置页眉：单击菜单"视图"｜"页眉和页脚"，系统会自动弹出页眉和页脚编辑区（虚线框）和工具栏，如图3-29所示。页面顶端的虚线框为页眉区，页面底端的虚线框为页脚区。利用工具栏上的按钮可方便地设置页眉和页脚。

（2）完成页眉编辑后，单击"页眉和页脚"工具栏上的关闭按钮，返回正文编辑状态。

（3）设置页码：单击菜单"插入"｜"页码…"，即可弹出插入页码对话框，如图3-30左图所示，在"位置"列表框中选择"页面底端（页脚）"，在"对齐方式"列表框中选择"右侧"。

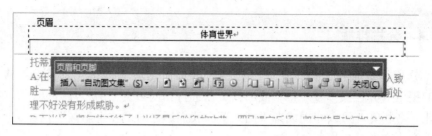

图 3-29

图 3-30

（4）单击"格式…"按钮，打开"页码格式"对话框，如图3-30右图所示，在"数字格式"列表框中选择页码的数字格式的类型，在"起始页码"中设置文件的起始页码为"9"。

3.4.3 文档合并

在输入和编辑过程中。经常需要引入其他文档中的内容，即所谓的文档合并。下面我们继续使用"体育世界.doc"文档和另一个"体育世界2.doc"文档，介绍合并文档的方法。

☞ **操作步骤**

（1）在文档中把光标移至需要插入被合并文档的位置，单击菜单"插入"|"文件"。

（2）在系统弹出的"插入文件"对话框中选中要插入的文件"体育世界2.doc"，单击"插入"按钮即可。

（3）将合并好的文档正文段落进行排序，并以原文件名保存。

3.4.4 分栏排版

分栏排版时将文档设置成多栏格式，从而使版面变得生动美观。Word 2003提供的分栏操作可对整个或部分文档进行；同一页上的栏数可以有不同的变化；各栏宽叶可以相同或者不同。下面我们通过对"体育新闻"这篇文档继续编辑来介绍分栏排版的方法。

☞ **操作步骤**

（1）选择要分栏的文本，如图3-31所示。

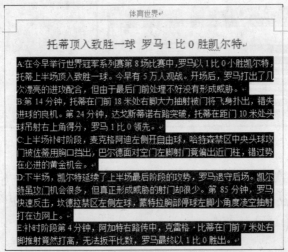

图 3-31

（2）单击菜单"格式"|"分栏"，打开"分栏对话框"。如图3-32所示，设置相应的值。

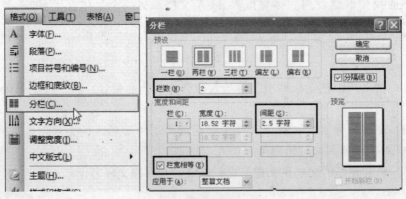

图 3-32

(3) 单击“确定”按钮即可。效果可以参照结果文档“样文3-41.doc”

3.5 图文混排

用户可以在Word文档中插入和编辑各种图片、艺术字和图形，以达到美化文档的目的，还能使用文本框对文档进行排版。

3.5.1 插入图片

插图功能是Word的一大特点。Word 2003在编辑的文档中可以插入图片，使版面变得形象生动，引人注目，而且插入的图片可以随意排在文档中的任意位置。下面通过实例介绍如何将图片插入到文档中，从而达到图文混排的效果。

✲ 使用范例文档：世界公认十大健康水果.doc

✲ 使用结果文档：样文3-51.doc

☞ **操作步骤**

(1) 打开文档“世界公认十大健康水果.doc”。

(2) 单击菜单“插入”|“图片”|“自选图形”，则会弹出“自选图形”工具栏窗口，在其工具栏上选择【星与旗帜】中的五角星，如图3-33所示。

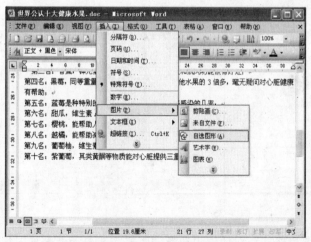

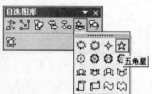

图 3-33

（3）鼠标单击后，鼠标光标变为"＋"形。移动鼠标到需要位置，按下鼠标左键并在屏幕上拖动，即可绘出图形，放开鼠标左键，这时，五角星被插入到文档中，且四周有八个小圆点，如图3-34所示，表明图形位于编辑状态，可进行放大缩小和移动操作，把鼠标移动到图形外面后再单击，小圆点消失，插入图形工作完成。

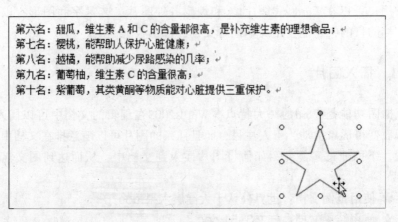

图 3-34

（4）把光标移至需要插入图片的位置。单击菜单"插入"｜"图片"｜"来自文件…"，在弹出的窗口中找到要插入的图片"fruit.JPG"，单击"插入"按钮，如图3-35左图所示。

（5）对插入的图片进行编辑排版。方法：选中图片，右击鼠标，在弹出的菜单中选择"设置图片格式…"，如图3-35右图所示。

图 3-35

（6）在弹出的"设置图片格式"对话框中选择"版式"选项卡可设置图片的环绕方式为"四周型"，如图3-36所示。

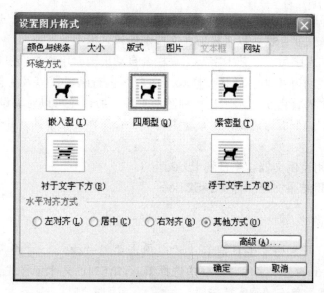

图 3-36

　　（7）单击"高级…"按钮，打开"高级版式"对话框，在"图片位置"选项卡中设置图片位于"页面（3.5，10）"处，如图3-37左图所示。在"文字环绕"选项卡中设置距离正文"上、下0.5厘米"，"左、右0.5厘米"，如图3-37右图所示。设置完成后，单击"确定"按钮即可完成图片的编辑排版设置。

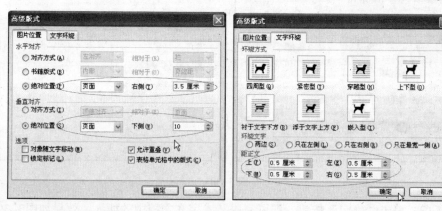

图 3-37

3.5.2　插入艺术字

　　为文字设置格式可以起到美化文档的作用，但在文档中添加艺术字则更具装饰性。同时，在文字的形式、颜色以及版式的设计上，艺术字也更显示灵活。

在Word 2003的艺术字库中包含了许多漂亮的艺术字样式，选择所需要的样式，输入文字，就可以轻松地在文档中插入艺术字。

插入艺术字后，“艺术字”工具栏会自动出现，用户可以根据实际需要利用该工具栏对其大小、形状、样式、内容等进行编辑，以及为艺术字设置效果。除此之外，由于艺术字是一种图形对象，所以还可以对其设置环绕方式、自由旋转等。下面通过制作生日贺卡为例，介绍在文档中插入并编辑艺术字的方法。

✽ **使用范例文档：生日贺卡.doc**

✽ **使用结果文档：样文3-52.doc**

☞ **操作步骤**

(1) 打开文档“生日贺卡.doc”，单击菜单“插入”|“图片”|“艺术字…”，在弹出的艺术字库对话框中选择第3行第5列的艺术字样式，如图3-38左图所示，然后单击“确定”按钮。

(2) 在打开的“编辑艺术字文字”对话框中输入艺术字文本“生日快乐”，在“字体”下拉列表中选择“华文彩云”，在“字号”下拉列表中选择“40”，如图3-38右图所示。

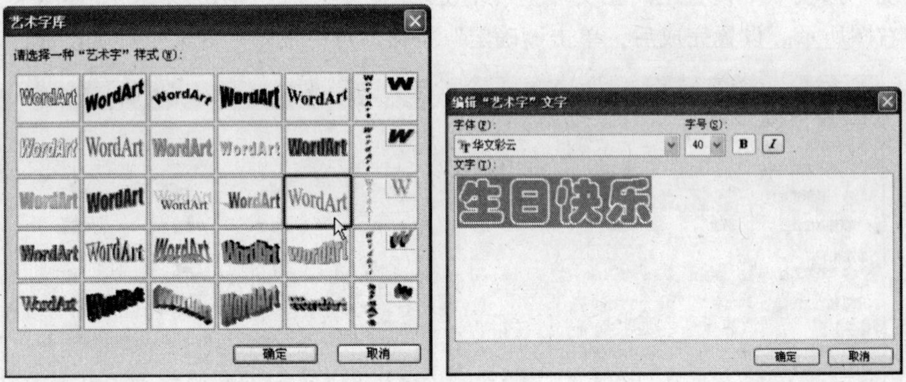

图 3-38

(3) 单击“确定”按钮，即可完成艺术字在文档中的插入，效果如图3-39左图所示。（使用这种方式插入的艺术字相当于在文档中插入了一张嵌入式图片，用户可以按照前面介绍的方法设置其环绕方式为“浮于文字上方”，从而能在文档中自由移动其位置，如图3-39右图所示。）

(4) 单击常用工具栏上的“绘图”按钮，屏幕下端显示绘图工具栏，再次单击则取消，如图3-40所示。

图 3-39

阴影样式

三维效果

图 3-40

（5）单击工具栏上的"阴影样式"按钮，在展开的列表中单击选择"阴影样式18"，为艺术字添加阴影效果。

（6）单击"艺术字工具栏"，选择工具栏中的"艺术字形状"按钮，在展开的列表中选择"细旋钮形"，更改艺术字的形状，如图3-41所示。

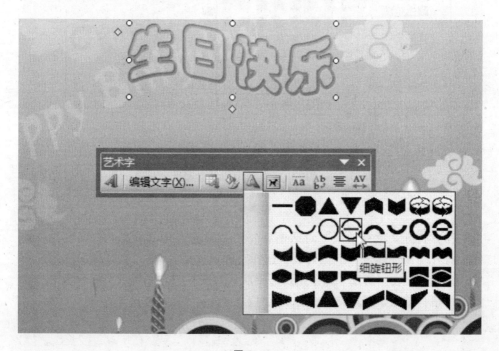

图 3-41

（7）按住艺术字的黄色菱形控制点并拖动，可对艺术字的形状进行调整。

选中艺术字后，其周围出现了8个方形和圆形白色控制点，将光标移至这些控制点上，待光标变为双向箭头形状时，按住鼠标左键并拖动可改变艺术字的高度与宽度；将光标移至上方的绿色控制点上，待光标形状变为圆形箭头时，按住鼠标左键并拖动可旋转艺术字。

（8）我们还可以根据需要调整艺术字的填充效果。为此，可仿效设置图片格式的方法，选中艺术字后右击鼠标，在弹出的菜单中选择"设置艺术字格式…"打开"设置艺术字格式"对话框，然后选择"颜色"下拉列表中的"填充效果"选项单击鼠标，如图3-42所示。

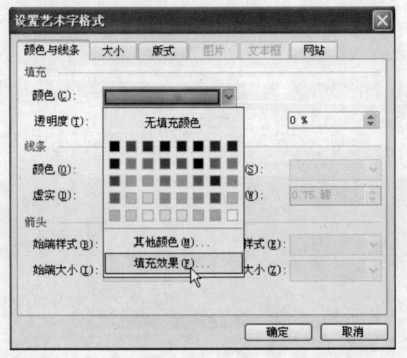

图 3-42

（9）打开"填充效果"对话框后，在"颜色"区单击选中"预设"单选钮；打开"预设颜色"下拉列表，选择"熊熊火焰"；在"底纹样式"区选中"中心辐射"，在"变形"区单击所需形状。如图3-43左图所示。最后单击"确定"按钮，结果如图3-43右图所示。

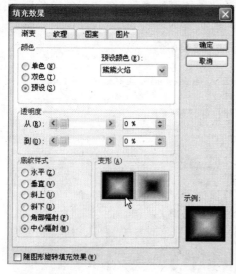

图 3-43

3.5.3 插入文本框

文本框也是Word的一种绘图对象。用户可在文本框中方便地输入文字、放置图形等对象，并可将文本框放在页面上的任意位置，可以任意改变其大小，可以为其设置效果。Word中绘制的文本框分为"横排"和"竖排"两种。下面我们继续通过对"生日贺卡"这篇文档添加祝福文字来学习插入和编辑文本框的方法。

☞ **操作步骤**

（1）将光标移至图像外面，如图3-44所示，单击菜单"插入"|"文本框"|"横排"，单击后，鼠标光标变为"+"形。移动鼠标到需要位置，按下鼠标左键并在屏幕上拖动，即可绘出文本框，放开鼠标左键，这时，文本框被插入到文档中。

（2）如图3-45所示，在文本框中输入祝福文字，并为其设置合适的字体。点击文本框会出现八个小圆点，表明图形位于编辑状态，可进行放大缩小和移动操作，把鼠标移动到图形外面后再单击，小圆点消失，文本框插入工作完成。

（3）编辑文本框颜色的方法跟编辑艺术字颜色类似，鼠标右键单击文本框框边，在弹出的菜单中选择"设置文本框格式…"打开"设置文本框格式"对

话框。在"填充颜色"下拉列表中选择"无填充颜色",在"线条颜色"下拉
列表中选择"无线条颜色"。

(4) 最后单击"确定"按钮,效果如图3-46所示。

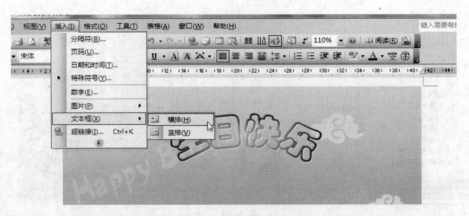

图 3-44

图 3-45

图 3-46

3.6 表格制作

编辑文档时，为了更形象地说明问题，可能经常需要在文档中制作各种各样的表格。Word 2003有极强的表格处理功能，可以快速创建和编辑表格，在表格中输入文字、数据，以及对表格进行美化操作等。另外Word还可以对表格中的数据进行计算。

下面我们首先以制作一张个人简历表为例，介绍在Word中创建、编辑、美化表格，以及在表格中输入内容并设置文本格式的方法。其次，我们通过对表格中的数据进行统计处理，来学习表格数据的计算方法。

3.6.1 创建表格

创建表格时，我们可以根据所创建表格的最大行、列数来创建，然后再通过合并单元格来对表格进行调整。

❀ 使用范例文档：打开空白Word文档
❀ 使用结果文档：样文3-61.doc

☞操作步骤

(1) 新建一个文档，单击菜单"表格"丨"插入"丨"表格…"，如图3-47左图所示。

(2) 打开"插入表格"对话框，在"列数"和"行数"编辑框中输入要创建的行数和列数，如图3-47右图所示。

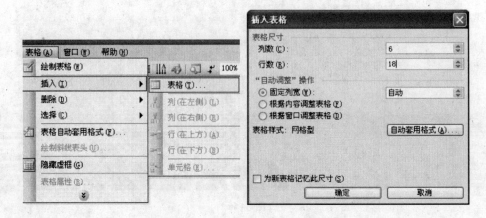

图 3-47

(3) 单击"确定"按钮，即可按照设置创建一个表格。

若要建立的表格行、列数较少，可直接单击常用工具栏上的"插入表格"按钮，在按钮位置出现一个4×5的表格框内直接通过移动光标来确定表格的行、列数，然后单击鼠标即可，如图3-48所示。

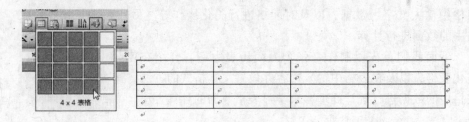

图 3-48

3.6.2 编辑表格

如果大家对照一下结果文档"样文3-61.doc"中的个人简历表，就会发现两者相差很大。为此，我们可以通过编辑表格来对此表格进行调整。表格编辑主要包括单元格的合并、拆分，行高和列宽调整，行、列的插入与删除等。下面我们就来看看如何通过编辑表格来制作简历表的框架。

　　要对表格进行编辑操作，首先选中要修改的单元格或整个表格，为此，Word 2003提供了多种方法，如图3-49所示。

选择对象	操作方法
选中整个表格	单击表格左上角的 ✛ 符号
选中一整行	将鼠标指针移动到该行左边界的外侧，待指针变成 ↗ 形状后单击鼠标左键
选中一整列	将鼠标移动到该列顶端，待指针变成 ↓ 形状后单击鼠标左键
选中当前单元格	将鼠标移动到单元格左下角，待指针变成 ➤ 形状后，单击鼠标左键可选中该单元格，双击则选中单元格所在的一整行
选中多个单元格	有多种方法，如： 　　（1）在要选择的第 1 个单元格中单击，将鼠标的 I 形指针移至要选择的最后一个单元 2 格，按下 [Shift] 键的同时单击鼠标左键 　　（2）在要选择的第 1 个单元格中单击，按住鼠标左键并向其他单元格拖动，则鼠标经过的单元格都被选中 　　（3）按住 [Shift] 键，然后使用方向键 [↑]、[↓]、[←]、[→]键 　　（4）按住 [Ctrl] 键，结合上面介绍的选择行、列和单元格的方法，可以选择多个不联系的行、列或单元格

图 3-49

☞ **操作步骤**

　　（1）将鼠标指针移到表格左上角单元格的左下角，待指针变成 ➤ 形状后，按住鼠标左键并向右拖动鼠标，选择表格第1行的全部单元格，如图3-50所示。

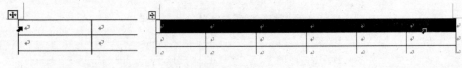

图 3-50

　　（2）在选中的黑色范围内右击鼠标，在弹出的菜单中选择"合并单元格"，将所选单元格合并，如图3-51所示。

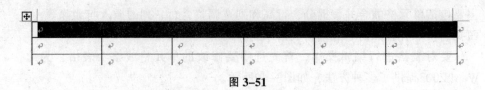

图 3-51

（3）对照结果文档所示的表格，分别选择其他单元格并进行合并，建立表格的基本框架，如图3-52所示。

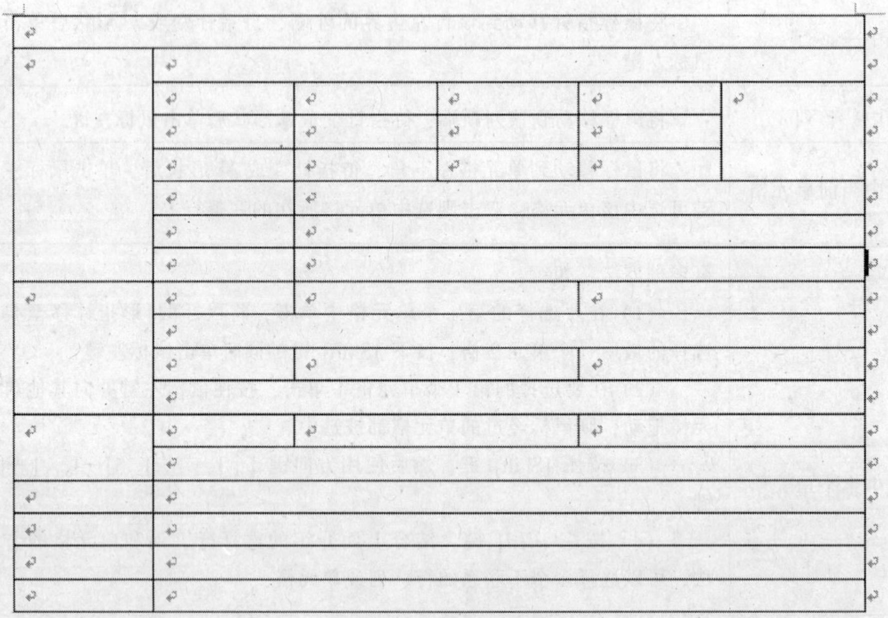

图 3-52

如果在合并单元格时发现与要求不同，则需要拆分。拆分单元格的方法跟合并的类似，在某个单元格或者选中多个单元格右击鼠标，选择菜单中的"拆分单元格"，此时系统将打开"拆分单元格"对话框，设置好希望拆分的列数与行数，单击"确定"按钮，即可将一个或多个单元格进行拆分，如图3-53所示。

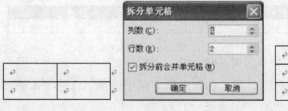

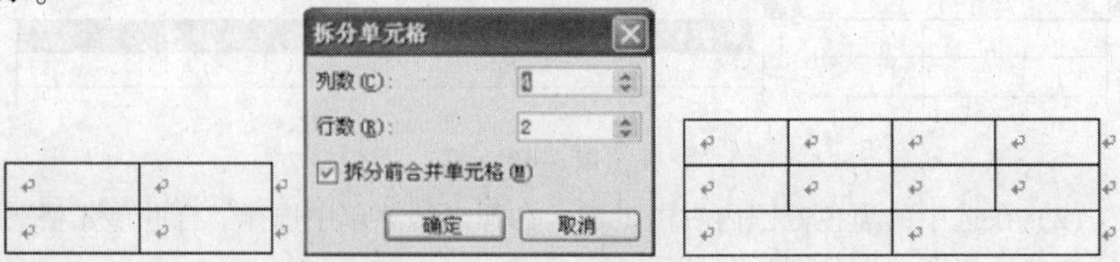

图 3-53

(4) 接下来我们来设置行高。设置行高最简单的方法是将光标移至表格的行分界线处，待光标变为 ≑ 形状后按住鼠标左键上下拖动，如图3-54所示。

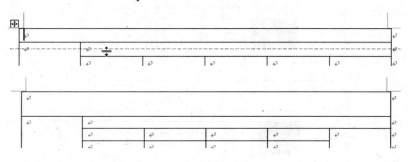

图 3-54

(5) 要精确调整行高，首先在表格的任意一个单元格中单击鼠标右键，在弹出的菜单中选择"表格属性…"，即可弹出"表格属性"对话框，在"行"选项卡中可设置该单元格所在行的行高。例如，在本列中，我们将第1行的行高设置为固定值1.3厘米，如图3-55所示。

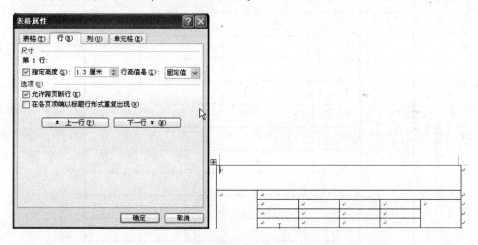

图 3-55

(6) 将光标移至第2行左侧，按住鼠标左键并向下拖动，选中除第1行之外的所有行，然后利用步骤5的方法在"行高"选项卡中设置这些行的行高为"最小值1厘米"。

(7) 接下来我们来调整列宽。首先选中第3行、第4行和第5行的第2列单元格，将光标移至所选列的右分界线处，待光标变为 ↔ 形状后按住鼠标左键并向左拖动，调整所选单元格的列宽，如图3-56所示。

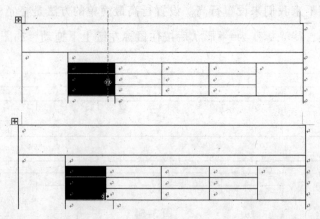

图 3-56

（8）对照结果文档所示的表格，通过选择其他一些单元格调整相关列的宽度，此时的表格大致如图3-57所示。

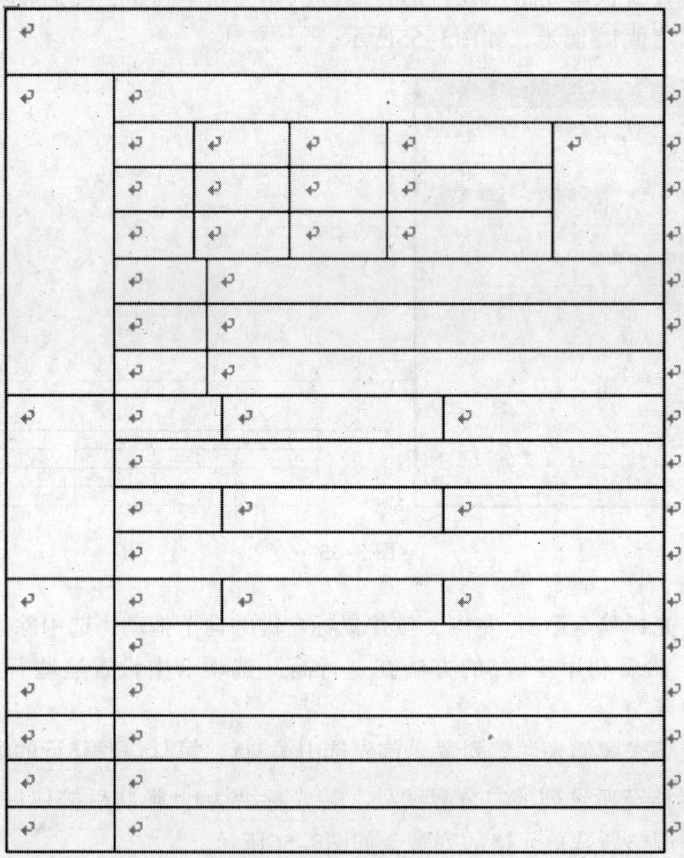

图 3-57

编辑表格的方法还有很多，接下来我们再来介绍表格编辑的一些要点，例如将光标定位在某个单元格中，单击"表格"菜单中的"插入"或者"删除"子菜单，可分别在单间单元格的上方或者下方插入行，左侧或右侧插入列，或者删除当前单元格所在的行、列、表格或单元格自身，如图3-58所示。

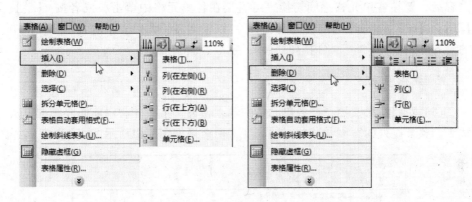

图 3-58

如果希望一次插入或删除多行或多列，可首先选择多行或多列，然后选择菜单中相关选项，如图3-59所示。

图 3-59

如果希望将多行或多列调整等高或等宽，可首先选中这些行、列或者相应的单元格，然后单击"表格"｜"自动调整"｜"平均分布各行"或"平均分布各列"选项，如图3-60所示。

图 3-60

3.6.3　在表格中输入文字并调整其格式

在大致创建好表格框架后，我们就可以根据需要在表格中输入文字。输入内容后，要在各单元格之间切换，可直接在各单元格中单击，或者按【↑】、【↓】、【←】、【→】方向键。我们还可以根据需要调整表格内容在单元格中的对齐方式，以及单元格内容的字体、字号等。

☞ 操作步骤

（1）对照结果文档，在各单元格中输入相关文字，并利用前面介绍的方法适当调整某些列的宽度和某些行的高度，使结果如图3-61所示。

个人简历				
个人概况	求职意向：计算机操作员			
	姓名：	李逍遥	出生日期：	1982	相片
	性别：	男	户口所在地：	广东省广州市	
	民族：	汉	专业和学历：	信息技术	
	联系电话：		12345677889		
	通讯地址：				
	电子邮件地址：		information@163.com		
工作经验	2005.8 - 2007.8		广州科技发展有限公司	广州	
	编辑： 参与编辑加工信息广告，主要参与者 参与策划信息广告的技术指导，任负责人				
	2007.9 - 至今		中国惠普有限公司	广州	
	软件工程师： 笔记本电脑软件设计，编程员 软件开发，策划人				
教育背景	2001.9 - 2005.7		暨南大学	计算机应用	
	学士 连续四年获校三好学生 参与开发学生管理信息系统、财务管理信息系统				
外语水平	六级				
计算机水平	软件工程师				
性格特点	喜欢阅读和写作，喜欢思考和钻研				
业余爱好	旅游、足球				

图3-61

（2）选中整个表格，然后右击鼠标，在弹出的菜单中选择"单元格对齐方式"｜"中部两端对齐"按钮，如图3-62所示。

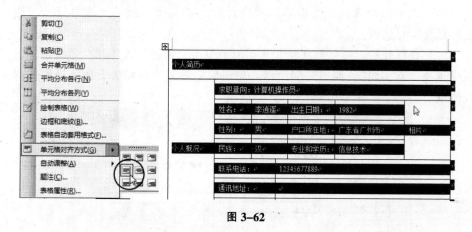

图 3-62

在"单元格对齐方式"组中，有9种不同的对齐方式，其效果如图3-63所示。

顶端两端对齐	顶端居中对齐	顶端右对齐
中部两端对齐	中部居中对齐	中部右对齐
底端两端对齐	底端居中	底端右对齐

图 3-63

（3）对照结果文档，分别选中相应单元格内的文字，利用前面所学设置字体格式的方法调整表格内的字体和字号。

3.6.4　为表格设置边框和底纹

默认情况下，创建的表格的边框是黑色单实线，无填充颜色。用户可以为选择的单元格或表格设置不同的边线和填充颜色，以美化表格。

☞ **操作步骤**

（1）选中整个表格，然后单击"格式"|"边框和底纹…"即可打开"边框和底纹"对话框。

（2）在打开的"边框和底纹"对话框中单击"网格"选项，在"线型"列表中选择"双实线"，如图3-64所示。单击确定按钮，即可为所选表格添加双线边框。

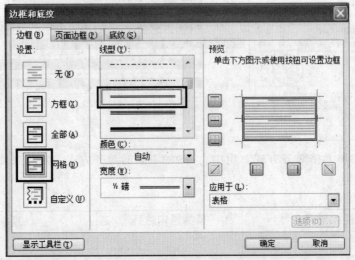

图 3-64

（3）选中第1行的单元格，调出"边框和底纹"对话框。在"底纹"选项卡的填充颜色处选择"金色"，单击确定按钮完成修改。至此，个人简历的制作完毕，保存文档即可。

3.6.5 表格数据的计算

Word可以对表格中的数据进行计算，其计算功能有多种，包括求和、求平均数、求最大值、计数等。下面我们通过例子来介绍表格数据的计算方法。

❋ 使用范例文档：成绩表.doc
❋ 使用结果文档：样文3-65.doc

☞ **操作步骤**

（1）打开文档"成绩表.doc"。如图3-65所示，在表格最后一行后面加多一行，在其中第一个单元格输入内容：平均分；在表格最右边插入一列，在其中第一个单元格输入内容：总分。

姓名	语文	数学	英语	计算机	总分
张大江	75	82	82	87	
王府前	63	85	94	96	
李四通	42	73	88	55	
刘铁旺	74	79	70	78	
赵刚	80	74	69	98	
小明	77	59	70	60	
小光	80	85	90	88	
平均分					

图 3-65

（2）将光标移入表格中第一位同学的总分单元格中，选择菜单"表格"|"公式…"，在弹出的"公式"对话框中选择对应的公式及在公式的括号中输入要求和的数字在结果单元格位置的英文方位，单击"确定"按钮即可完成数字的计算，如图3-66所示。

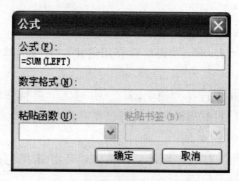

图 3-66

如图"3-66"所示，"公式"输入框中的"="是必须的。"SUM"则表示"求和"函数，如果需要使用别的函数进行计算则要单击粘贴函数的下拉菜单进行选择（其中几个常用函数有：SUM-求和、AVERAGE-平均值、MAX-最大值、MIN-最小值）。函数括号内必须填写要计算的数据在结果单元格的位置的英文方位（例如，左边为LEFT、右边为RIGHT、上边为ABOVE、下边为BELOW）。

（3）利用步骤（2）的方法，求出其他学生的总分和平均分。结果如图3-67所示。

姓名	语文	数学	英语	计算机	总分
张大江	75	82	82	87	326
王府前	63	85	94	96	338
李四通	42	73	88	55	258
刘铁旺	74	79	70	78	301
赵刚	80	74	69	98	321
小明	77	59	70	60	266
小光	80	85	90	88	343
平均分	70.14	76.71	80.43	80.29	307.57

图 3-67

3.6.6 表格格式自动套用

在Word2003中除了采用手动的方式设置表格中的字体、颜色、底纹等表格格式以外，使用Word表格的"自动套用格式"功能可以迅速做出既美观又专业的表格。

☞ **操作步骤**

（1）把光标置于表格中。

（2）单击菜单"表格"|"表格自套用格式…"，即可打开"表格自套用格式"对话框。

（3）在表格样式中选择"简明型1"，并选上"将特殊格式应用于标题行、首列、末行、末列"的单选框。用户可以在"预览"窗口看到所选表格式样的输出效果。

（4）单击"应用"按钮。至此，表格格式套用完毕，保存文档。

3.7 文档审阅和保护

编写好的文字材料，一般都会在部门内进行传阅和修改。利用Word中的"批注"功能，可在文档中添加注释。同时。Word 2003还可以用不同的底纹颜色和用户名称对不同审阅者和批注加以区别。另外，使用Word的修订功能可突出显示文档中所做的编辑修改，便于文档创建者统一阅读修改。

文档编辑完成后，用户还可根据需要对文档进行保护，例如，禁止修改文档格式与内容，以及禁止打开文件等。

3.7.1 为文档添加批注

批注是为文档某些内容添加的注释信息。下面让我们来学习在文档中添加批注的方法。

✤ 使用范例文档：《沁园春·长沙》.doc
✤ 使用结果文档：样文3-71.doc

☞ **操作步骤**

（1）打开文档"《沁园春·长沙》.doc"。选中"沁园春"三字，然后单击菜单"插入"|"批注"，如图3-68所示。

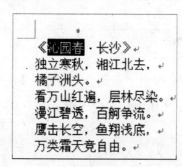
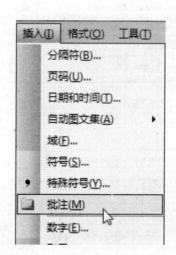

图 3-68

（2）在页面右侧显示的红色批注编辑框中输入批注文本，如图3-69所示。

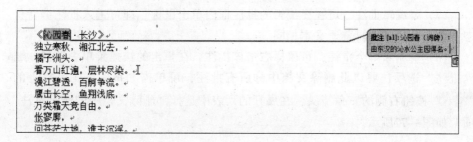

图 3-69

（3）单击批注编辑框外的任意位置，退出编辑状态。重复上述步骤，在文档中的"长沙"、"同学少年"位置处添加批注。

（4）添加批注后将编辑光标移至正文中添加批注的对象上，鼠标指针附近将出现浮动窗口，显示批注者、批注日期和时间，以及批注的内容，如图3-70所示。其中，批注者名称为安装Office软件时注册的用户名。

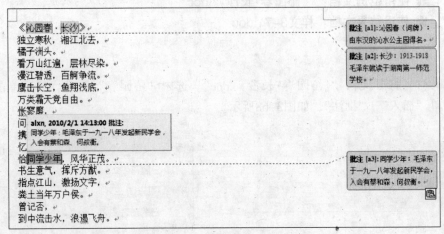

图 3-70

（5）当添加批注时，Word 2003会自动弹出"审阅"工具栏，如图3-71所示。用户也可以通过"视图"|"工具栏"菜单将其显示出来。

图 3-71

（6）单击"审阅"工具栏上的" ➡️前一处修订或批注"或" ➡️后一处修订或批注"按钮，可使光标在批注之间跳转，方便查看文档中的所有批注。

（7）要编辑批注，可在要编辑的批注框内单击鼠标，即可进入批注编辑状态，编辑方法与编辑普通文本相同。

（8）要删除单个批注，可鼠标右击该批注，在弹出的快捷菜单中选择"删除批注"选项；要以此删除文档中的所有批注，可单击"审阅"工具栏上的" 🗙 ▾"按钮右侧的三角箭头，在展开的列表中选择"删除文档中的所有批注"项，如图3-72所示。

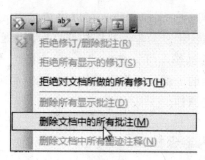

图 3-72

3.7.2　修订文档

Word 2003的文档修订功能可以突出显示审阅者对文档所作的修改，便于文档创建者进行阅读修改。下面我们继续使用"《沁园春·长沙》"这篇文档进行介绍修订文档的方法。

☞ **操作步骤**

（1）打开文档"《沁园春·长沙》.doc"，单击"审阅"工具栏上的" "修订按钮或者单击菜单"工具"|"修订"，进入文档修订状态。

（2）阅读并修改文档，这时对文档的所有修改都会突出显示。例如：新键入的文字为红色并被添加下划线；被删除的文字以删除线标志，如图3-73所示。

（3）要退出修订状态，可再次单击"修订"按钮。

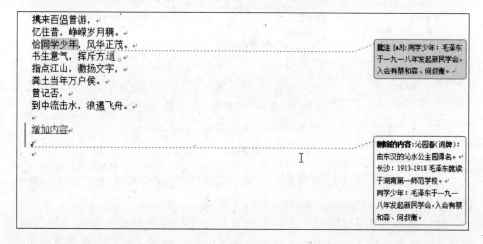

图 3-73

（4）文档进行修订后，文档创建人可以决定接受或者拒绝审阅者所做的修改。接受和拒绝的方法十分简单，只需在修订标记上右击鼠标，在弹出的快捷菜单中选择所需要的操作即可，单击"接受"项时，修订的内容就会生效，添加的内容会变成文档的一部分，删除的内容会消失。选择"拒绝"项时，此处修订失效，文档恢复原样。

3.7.3 文档格式与内容保护

文档编辑完成后，用户可根据需要设置保护文档的格式和内容，从而达到保护文档的目的。

☞ **操作步骤**

（1）在要进行保护的文档下，单击菜单"工具"|"保护文档"即可打开"保护文档"任务窗口，如图3-74左图所示。

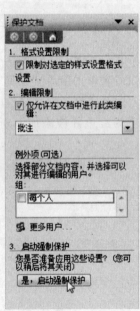

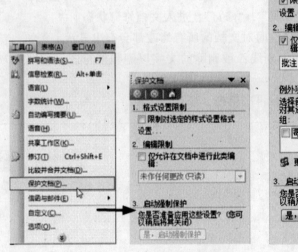

图 3-74

（2）选中"1.格式设置限制"区的"限制对选定的样式设置格式"复选框，以禁止修改文档格式，如图3-74右图所示。

（3）选中"2.编辑限制"下的"仅允许在文档中进行此类编辑"复选框，打开该选项组中的下拉列表框，从中选择"批注"选项（表示没有密码的用户只能为文档增加批注，而不能执行其他操作），如图3-74右图所示。

(4) 单击"3.启动强制保护"下的"是，启动强制保护"按钮。如图3-74右图所示。

(5) 打开"启动强制保护"对话框，在"新密码"编辑框中输入密码（本例为"123"），在"确认新密码"编辑框中再次输入刚才的密码，如图3-75左图所示。单击"确定"按钮，此时的任务窗格如图3-75右图所示，显示文档受保护信息。

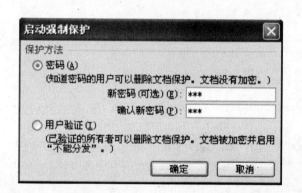
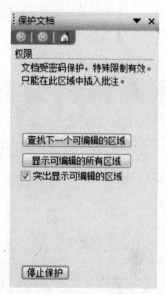

图 3-75

(6) 如果要停止对文档设置的强制保护，可单击任务窗格中的"停止保护"按钮，打开"取消保护文档"对话框，在"密码"编辑框中输入设置的密码，然后单击"确定"按钮，如图3-76所示。

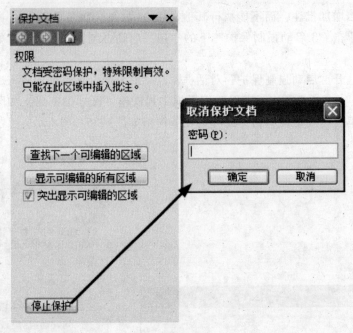

图 3-76

3.8 综合练习

任务一 新建一个空白Word文档，录入图3-77中的文字，完成后以文件名"报名通知.doc"保存到自己的文件夹并退出Word。

任务二 班级准备举行歌咏比赛，请你帮文娱委员用Word制作一份通知，完成后以文件名"我的通知.doc"保存到自己的文件夹。

任务三 请打开 "习题3" 文件夹中的文档 "练习3.doc"，按以下要求完成操作：

✿ **使用文件：练习3.doc**

（1）标题格式：字体格式仿宋-GB2312、小二号字、浅蓝色，字符间距加宽0.8磅，居中、段后距1.3行；

（2）正文第一段格式：悬挂缩进1.5个字符，1.3倍行距，段前、段后间距各1.3行，左对齐；

（3）正文第二、三段：字体加单波浪线下划线，字距紧缩1.3磅，字体颜色为蓝色；

全国计算机等级考试报名通知

全国计算机等级考试是由教育部考试中心举办，用于测试应试人员计算机应用知识与能力的等级水平考试。随着计算机技术在我国各个领域的推广、普及，越来越多的人开始学习计算机知识，许多用人部门已将具有一定的计算机知识与能力作为考核和录用工作人员的标准之一。因此，教育部决定举办全国计算机等级考试，其目的在于推进计算机知识的普及，促进计算机技术的推广应用，以适应社会主义经济建设的需要，为用人部门录用和考核工作人员服务。2007 年上半年全国计算机等级考试报名工作即将开始，为做好此次考试工作，现将有关事项通知如下：

一、 报名时间：2006 年 12 月 11 日至 17 日。

二、 报考条件：考生不受专业、年级等背景的限制，一次只能报考一个等级（含笔试和上机考试）的考试。如果一个级别中有不同类别，考生只能选择其中一类。

三、 报名地点：教学楼一楼考试办公室。

四、 咨询电话：37247192

报名时请携带本人身份证和复印件，二寸照片两张。考试将于 2007 年 4 月上旬进行。

广东省旅游职业技术学校教务处

2006 年 12 月 7 日

图 3-77

（4）正文第四段：文字加红色0.75磅单实线阴影边框、底纹填充色为青绿色；

（5）将"习题3"文件夹下的PictJ.bmp图片插入到文档中，要求：环绕方式为"紧密型"，位于页面绝对位置水平左侧、垂直下侧（7，10）厘米处，图片高度和宽度均为2厘米。

任务四 请用文档"粤菜.doc"中的资料制作一份图文并茂的电子报，完成后以原文件名保存到自己的文件夹。

✽ 使用文件：粤菜.doc

任务五 新建一个空白文档，参照以下要求，制作如下图3-78所示表格，完成后以文件名"招生报名表.doc"保存文档到自己的文件夹。

（1）标题文字用三号黑体字，加粗，居中。第二行文字用五号宋体字，两端对齐。

（2）表格第一、二两行行高为最小值1厘米，第三~九行行高为最小值0.7厘米，第十行行高为固定值3.5厘米，最后一行行高为固定值1厘米。

（3）表格第一、三、五、七列列宽为1.4厘米，第二、四、六、八列列宽为2.0厘米，最后一列列宽为2.5厘米。

（4）表格文字全部用五号宋体，表格内容全部垂直居中及水平居中。

广东省高等、中等职业学校招收初中毕业生报名表

_____市_____县（区） 考生类别：_____ 准考证号：_____

姓名		性别		出生年月		民族		相片
籍贯		文化程度		特长		政治面目		
毕业学校								
通讯地址						邮编		
个人简历	自何年何月至何年何月		在何单位任何职务			证明人		
何时何地受过何种奖励或处分								
中考成绩				考生条形码粘贴处				

图 3-78

任务六 请打开"习题6"文件夹中的文档"练习6.doc"，按以下要求完成操作：

❀ **使用文件**：练习6.doc

（1）将标题"中国软件业全面反攻"设置为艺术字（注意：设置后，删除原标题文字及所在行），艺术字式样：艺术字库中的第2行第4列，字体：隶书、32号，艺术字形状：朝鲜鼓，阴影：阴影样式14，位于页面（4，2）厘米处，环绕方式：上下型。

（2）正文第一段格式：字体为楷体_GB2312、小四，加单实线下划线，右对齐；

（3）正文第二段格式：字体为黑体、小四、蓝色、加着重号,字距加宽0.6磅；

（4）正文第三段格式：首行缩进0.85厘米，1.2倍行距、段前间距8磅。

（5）正文第四、五段格式：段落加宽度为1.5磅的红色单实线方框、底纹填充色为淡蓝色。

任务七　请打开　"习题7" 文件夹下的文档 "练习7.doc"，按以下要求完成操作：

❀ **使用文件：练习7.doc**

（1）页面纸张大小设为B5（25.7厘米宽×18.2厘米高），纸张方向为横向，页边距上下均为2.5厘米、左为2.5厘米、右为4厘米，并在顶端预留1厘米的装订线位置。

（2）标题文字为隶书、加粗、三号字、居中，段后间距1.5行。

（3）将考试文件夹中文件Tpd.TXT插入到本文档中，调整各段落位置，使文档的段落编号由A到E的顺序排列。

（4）在页面顶端居中位置插入页码，起始页码为 "F"，设置页脚：居中，内容为：Linux。

任务八　请打开 "习题8" 文件夹中的文档 "练习8.doc"，按文档内的要求，在文档下部，制作新表格，新表格与给出的表格一致。

❀ **使用文件：练习8.doc**

任务九 请打开　"习题9" 文件夹下的文档 "练习9.doc"，按文档内的要求修改表格。

❀ **使用文件：练习9.doc**。

第4章 EXCEL 2003

Excel2003系统是Microsoft Office 2003中的一个应用软件，专门用于表格处理，它具有强大的数据处理分析能力，有方便实用的表格制作工具及丰富易用的统计图表。该软件的界面实际上是由行列组成的一个大表格，在这个表格中的每一个格子都作为一个存贮单元，它可以存放数值、变量、字符、公式、声音以及图像等。当我们在电子表格中输入数据、建立模型后，就可以方便地观察、修改和处理所输入的内容。该软件把数据管理、图形显示及数据分析等功能都集成在一个软件包中，这样用户不需要更换软件就可在数据表格中完成各种复杂的运算和分析工作。

4.1 基本操作

进入EXCEL环境后，我们看到的表格是EXCEL工作簿的一张工作表，EXCEL工作簿是由多张电子表格组成的，EXCEL的各种功能就是通过工作簿这个平台实现的。

4.1.1 新建工作簿

启动Microsoft Excel时，系统将打开一个新的工作簿。任何时候，要建立一个新的工作簿，有两种方法：一是利用"文件"菜单中的新建命令，建立一个新工作簿文件；二是利用工具栏上的"新建"按钮建立一个新的工作簿文件。

4.1.2 输入各种类型的数据

在工作表的单元格里，我们可以输入各种类型的数据。

✽ 使用文件：空白EXCEL工作簿

☞ 操作步骤

（1）数值格式的设置：在任一单元格里输入任意数字，按回车键则输入完成，然后右键点击该单元格，在弹出的快捷菜单中选择"设置单元格格式"。在弹出的"单元格格式"选项卡中，选择"数字"中的"数值"项，并设置小数位数为2，负数格式为"–1234"。

（2）设置百分比和日期样式：在"单元格格式"的选项卡里选择"数字"中的"百分比"项，并设置百分比的小数点位数，单击"确定"；并选择"日期"项，选择一个日期类型，单击"确定"。其他的数字类型同理设置。

（3）输入电话号码如020：选中要输入电话号码的单元格，与上两步一样，在"单元格格式"的选项卡里选择"数字"中的"文本"项，单击"确定"，然后再在此单元格里输入020。（注：设置好格式，输入020的结果【左】和不设置格式，直接在单元格里输入020的结果【右】，如图4–1所示。）

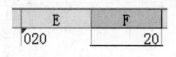

图4–1

4.1.3 数据填充

在Excel表格中填写数据时，经常会遇到一些在结构上有规律的数据，例如1997、1998、1999；星期一、星期二、星期三等。对这些数据我们可以采用填充技术，让它们自动出现在一系列的单元格中。

☞ 操作步骤

（1）在工作簿的SHEET2工作表中，自A1单元格开始，输入如图4–2所示的内容。

1	1	1	2	一月	1998-1-1	2001-1-1	星期一
2	3	4	6				

图4–2

（2）前四列单元格以及年递增（第7列）的填充方法：选中每列的前2个单

元格，把鼠标指针指向该单元格的右下角，此时指针变成一个黑色实心的"十"字，按住鼠标左键不放，拖动鼠标至要填充的单元格，即可完成填充。

（3）月份、星期、日递增（第6列）的填充方法：选中每列的第一个单元格，把鼠标指针指向该单元格的右下角，此时指针变成一个黑色实心的"十"字，按住鼠标左键不放，拖动鼠标至要填充的单元格，即可完成填充。完成之后效果如图4-3所示。

1	1	1	2	一月	1998-1-1	2001-1-1	星期一
2	3	4	6	二月	1998-1-2	2002-1-1	星期二
3	5	7	10	三月	1998-1-3	2003-1-1	星期三
4	7	10	14	四月	1998-1-4	2004-1-1	星期四
5	9	13	18	五月	1998-1-5	2005-1-1	星期五
6	11	16	22	六月	1998-1-6	2006-1-1	星期六
7	13	19	26	七月	1998-1-7	2007-1-1	星期日
8	15	22	30	八月	1998-1-8	2008-1-1	星期一
9	17	25	34	九月	1998-1-9	2009-1-1	星期二
10	19	28	38	十月	1998-1-10	2010-1-1	星期三
11	21	31	42	十一月	1998-1-11	2011-1-1	星期四
12	23	34	46	十二月	1998-1-12	2012-1-1	星期五
13	25	37	50	一月	1998-1-13	2013-1-1	星期六
14	27	40	54	二月	1998-1-14	2014-1-1	星期日

图 4-3

4.1.4 数据记录单的使用

数据记录单是一个非常方便的工具，可以轻松地从记录单中得到在工作表中所要的信息。下面我们就以创建"火箭队员名单"为例，介绍数据记录单的使用。

☞ 操作步骤

（1）打开空白EXCEL工作簿，在A1单元格输入"火箭队员名单"，在A2、B2、C2、D2单元格分别输入"号码"、"姓名"、"位置"、"生日"。

（2）点选A3单元格，单击菜单"数据"→"记录单…"，在弹出的窗口中输入第一组数据，单击"新建"按钮，即可，并可接着输入下一组数据。全部数据输入完成，关闭即可。如图4-4所示：

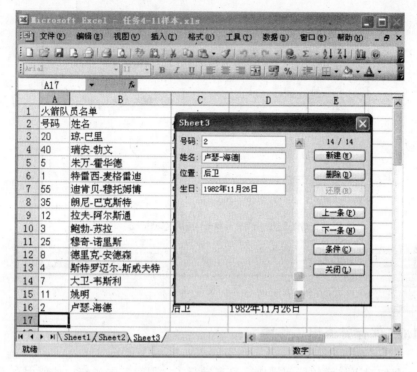

图 4-4

4.1.5　数据有效性的设置

Microsoft Excel 数据有效性验证使您可以定义要在单元格中输入的数据类型，从而避免用户输入无效的数据。下面我们以"数据为整数，且小于55"例来介绍数据有效性的设置。

☞ **操作步骤**

（1）打开空白EXCEL工作簿，选中A列，单击菜单"数据"→"数据有效性…"，在弹出的窗口第一项"设置"里将有效性条件依次设置为"整数"、"小于"、"54"，如图4-5所示。

（2）接下来在A列输入数据，若输入55，则弹出错误对话框。

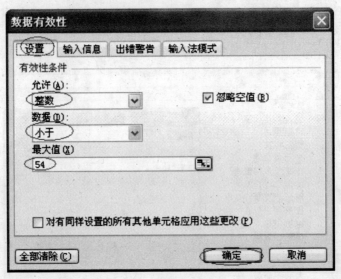

图 4-5

4.1.6 保存并退出工作簿

我们对工作簿的任何操作，只有进行了"保存"的操作，才能保存到我们的硬盘上。

☞ **操作步骤**

单击文件菜单中的保存项或者点击工具栏上的"保存"按钮可以记录对文档做的任何修改，文档名和其位置保持不变，若是第一次新建的文档，点击保存则会弹出"另存为"的对话框，我们这里将保存位置设置为我的文档，文件名改为基本操作，单击"保存"，则保存完成，我们再单击退出按钮就可以退出工作簿了。

4.2　工作表的编辑与格式化

在EXCEL2003中，所有的工作主要是围绕工作表展开的。我们要制作各式各样的表格，运用EXCEL的各项功能，就少不了对工作表的编辑和格式化。

4.2.1　复制、移动和删除单元格

我们编辑工作表中的单元格，可以使用"复制"、"移动"、"删除"等操作来简化我们的编辑，达到事半功倍的效果。

❀ 使用文件：广东省部分城市空气质量日报.xls

☞ 操作步骤

复制、移动和删除单元格。选择要进行复制（移动或删除）的单元格，在选中的单元格范围内单击鼠标右键，在弹出的菜单中选择相应的项即可完成相应的操作。

4.2.2　合并单元格

我们在编辑工作表单元格的时候，很多地方需要将单元格进行"合并并居中"的操作以达到格式化的效果。

❀ 使用文件：广东省部分城市空气质量日报.xls

☞ 操作步骤

选择要合并的单元格A1:F1，单击工具栏上的合并及居中按钮"　"，即可对已选中的单元格进行合并及居中操作。如图4-6所示：

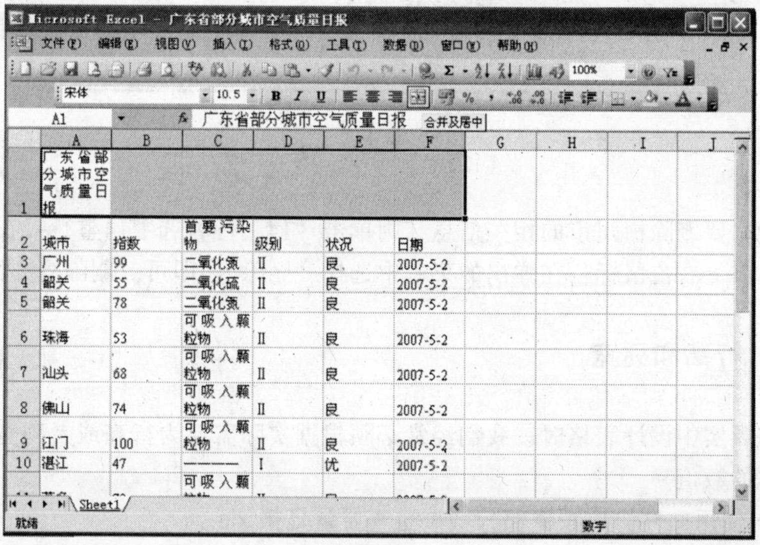

图 4-6

4.2.3 插入、删除行和列

我们在编辑工作表的时候，经常会遇到需要增减行和列的情况，我们可以通过"表格"菜单中"插入"和"删除"按钮来实现。

❀ **使用文件：广东省部分城市空气质量日报.xls**

☞ 操作步骤

（1）要在D列的左边插入一空列，则单击"D"列名选中D整列，在选中的任意地方上右击鼠标，在弹出的菜单中选择"插入"，即可。如图4-7所示。插入行亦同。

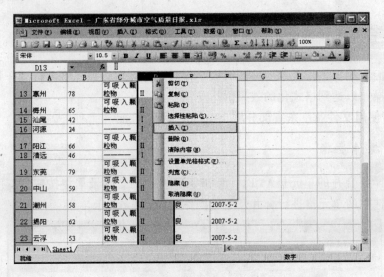

图 4-7

（2）要删除梅州市的相关信息，则单击"14"行名选中14整行，在选中的任意地方上右击鼠标，在弹出的菜单中选择"删除"，即可。删除列亦同。

4.2.4 行高和列宽

在现实中设计表格时，我们经常必须根据实际需要为行高或者列宽设置一个具体的数值。

❀ **使用文件：广东省部分城市空气质量日报.xls**

☞ **操作步骤**

（1）要将15行设置固定的行高20磅，则选中要调整行高的行 "15"，在选中的任意地方右击鼠标，在弹出的菜单中选择 "行高"，输入要求的行高20，即可完成行高的设置。如图4–8所示。列宽的设置亦同。

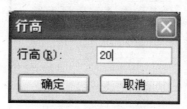

图 4–8

（2）要将C列设置最适合的列宽，则选中要设置的列 "C"，点选 "格式" 中的 "列"，再选最适合的列宽，则C列自动调整成最适合的列宽，设置最适合的行高亦同。

4.2.5　隐藏行和列

选中要隐藏的行或列，右击鼠标，在弹出的菜单中选择 "隐藏" 即可把该选中行或列隐藏。

4.2.6　工作表的插入、删除、建立副本和重命名

一个工作簿可以有多个工作表，我们可以对工作表进行插入、删除、建立副本和重命名等操作。

✽ **使用文档：广东省部分城市空气质量日报.xls**

☞ **操作步骤**

（1）选择要插入、删除、建立副本或重命名工作表的表标签，右击鼠标，在弹出的菜单中选择 "插入…"，即可插入工作表。

（2）选择 "删除" 即可删除该选中工作表；选择 "移动或复制工作表…"，在弹出的窗口中选中 "建立副本"，即可建立该选中工作表的副本；选择 "重命名" 可以为该选中工作表重新命名。如图4–9所示。

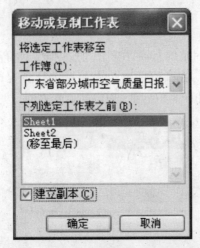

图 4-9

4.2.7 自动套用格式

EXCEL软件为我们提供了多种表格样式，我们只需选择其中一种，即可套用EXCEL提供的该表格样式。

☞ **操作步骤**

单击菜单"格式"→"自动套用格式…"，在弹出的窗口中选择要求的格式，单击"确定"按钮，即可完成表格格式的套用。如图4-10所示：

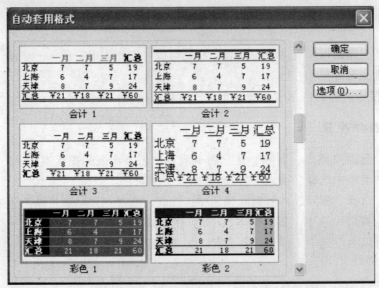

图 4-10

4.3 数据处理

在单元格中可直接输入数字、字符、日期等数据，也可以输入公式所代表的数据，所谓公式是指有数学运算符或Excel函数的式子，在Excel环境中提供了11大类共计400多个函数。利用这些函数，我们可以完成各种复杂的运算。

4.3.1 单元格地址的引用

单元格地址的引用有两种，相对地址的引用和绝对地址的引用，相对地址随填充而发生变化，绝对地址则在填充时保持不变。图4-11为NBA西部西南区排名表，我们要用公式计算出胜率和胜差。以此为例，我们介绍2种地址引用的区别。

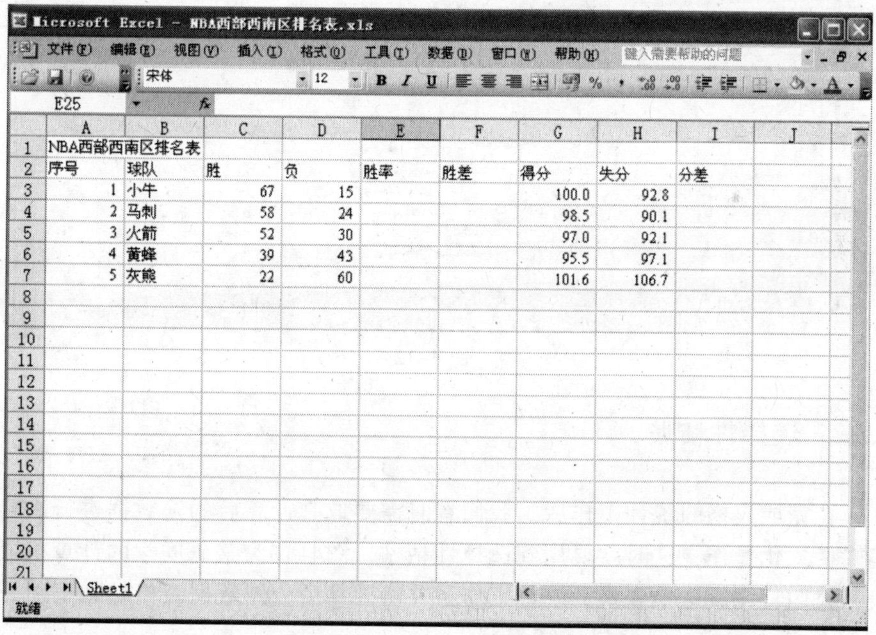

	A	B	C	D	E	F	G	H	I
1	NBA西部西南区排名表								
2	序号	球队	胜	负	胜率	胜差	得分	失分	分差
3	1	小牛	67	15			100.0	92.8	
4	2	马刺	58	24			98.5	90.1	
5	3	火箭	52	30			97.0	92.1	
6	4	黄蜂	39	43			95.5	97.1	
7	5	灰熊	22	60			101.6	106.7	

图 4-11

✲ 使用文档：NBA西部西南区排名表.xls

☞ **操作步骤**

（1）选中E3单元格，输入“=”号，然后输入单元格相对地址组成的公式

C3/(C3+D3)，按回车即得到小牛队的胜率，然后进行填充，由于相对地址在填充时会随之发生变化，故填充完即得到各个队的胜率。

（2）选中F3单元格，输入"="号，然后输入单元格绝对地址组成的公式$C$3-C3，按回车即得到小牛队的胜差，然后进行填充，由于绝对地址在填充时不发生变化，故带有绝对地址符号"$"的绝对地址$C$3保持不变，相对地址C3随之发生改变，于是得到各个队的胜差。

（3）我们对比一下小牛队和马刺队胜差的公式，观察一下填充时，相对地址和绝对地址的区别。如图4-12所示。

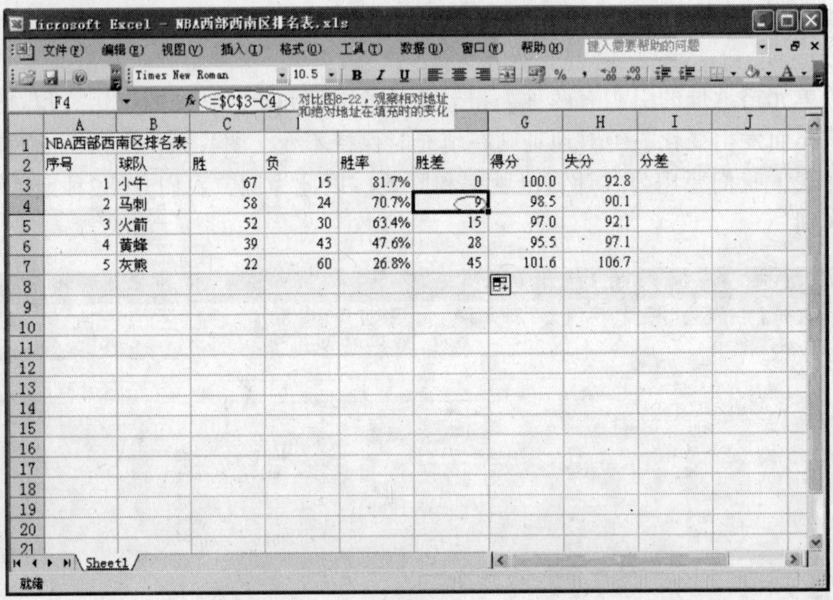

图4-12

4.3.2 选择性粘贴

在完成表格的统计工作后，我们有时需要取其计算后的纯数据进行表格的编辑格式化操作，这时就要用到选择性粘贴。图4-13为某班同学的计算机成绩表，我们将完成这个表格的统计工作，并将计算后的纯数据表格粘贴至别处。

❀ 使用文档：计算机成绩表.xls

☞ 操作步骤

（1）单击G4单元格，输入公式"=D4*0.4+E4*0.2+F4*0.4"，按回车即得到第一个同学的总评成绩。（总评成绩的计算方法：平时成绩占40%，期中成绩占20%，期末成绩占40%）。

	A	B	C	D	E	F	G
7	序号	学号	姓名	平时	期中	期末	总评
8	1	5011601	李科媚	83	85	57	
9	2	5011602	黄丽瑗	85	92	71	
10	3	5011603	陈妙玲	70	70	51	
11	4	5011604	林丽辉	78	70	63	
12	5	5011605	马泽丹	82	80	61	
13	6	5011606	钟洁瑶	88	85	79	
14	7	5011607	吴小曼	92	90	74	
15	8	5011608	曾莲思	90	85	69	
16	9	5011609	雷雅茜	95	92	80	
17	10	5011610	林婉玲	84	82	66	
18	11	5011611	吕欣玲	89	100	77	
19	12	5011612	黎颖怡	89	90	67	
20	13	5011613	吴丽尧	95	95	79	
21	14	5011614	方泽苹	75	65	57	

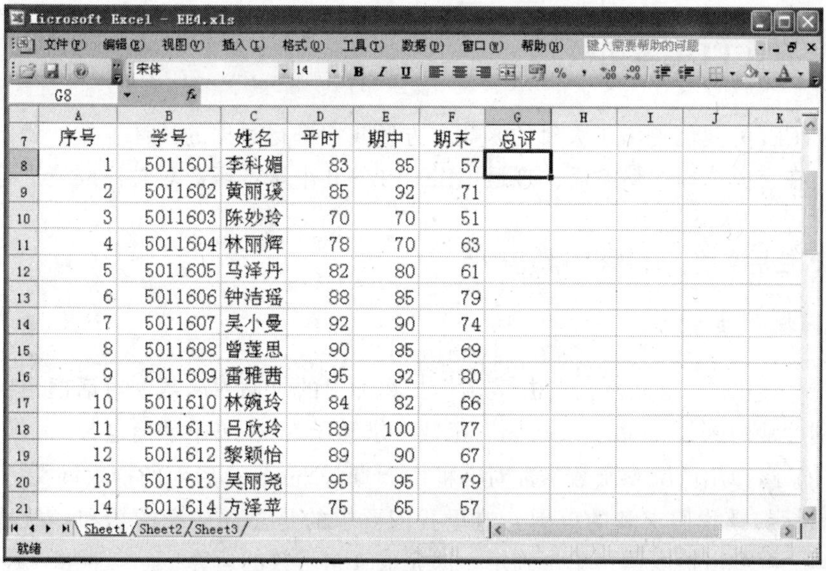

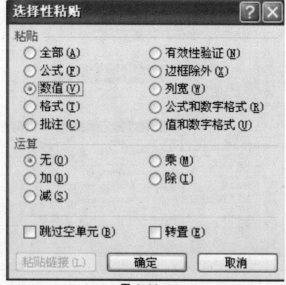

图 4–13

（2）按照数据填充的方法，选中G4，把鼠标指针指向该单元格的右下角，此时指针变成一个黑色实心的“十”字，按住鼠标左键不放，拖动鼠标至G53，即可计算出全班同学的总评成绩。

（3）拖动鼠标，选中G4:G53，点右键选择复制。

（4）点击SHEET2工作表，单击C3单元格，点右键选择“选择性粘贴”。

（5）在弹出的“选择性粘贴”窗口中。选择“数值”，单击确定，即完成。如图4–14所示：

图 4–14

4.3.3　EXCEL基本函数

EXCEL为我们提供了大量的函数，方便我们进行数据的统计工作，我们接上节，在完成选择性粘贴后，现运用EXCEL的几个基本函数对总评成绩进行数据统计。

✿ 使用文档：计算机成绩表.xls

☞ 操作步骤

（1）选中C49单元格，点击 *fx* 图标，在弹出的"插入函数"对话框中，选择类别"常用函数"，找到"SUM"函数（求和函数），单击"确定"。

（2）在弹出的SUM函数参数对话框中，点击Number1后面的拾取键，然后用鼠标选择我们求和的范围，这里我们要求的是总评成绩的总和，故选中C3:C44，再点击拾取键，单击确定，即完成SUM函数的运算。

（3）平均分、最高分、最低分的运算方法与求总分的方法相同，分别使用函数AVERAGE、MAX、MIN。函数可在类别"统计函数"里查找。

（4）选中C53单元格，点击fx，在弹出的"插入函数"对话框中，选择类别"统计函数"，找到"COUNTIF"函数（条件计数函数），单击"确定"。

（5）在弹出的COUNTIF函数参数对话框中，点击Range后面的拾取键，然后用鼠标选择我们计数的范围，这里我们要计数的是总评成绩里的优秀人数，故选中C3:C44，再点击拾取键，回到参数对话框，接着再点击Criteria后面的空白框，直接在里面输入我们计数的条件，即要满足"优秀"，故输入">=85"。然后单击"确定"。如图4-15所示：

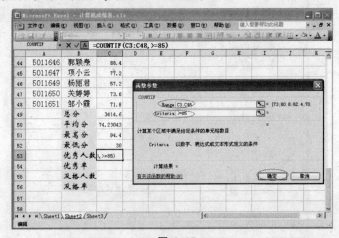

图 4-15

（6）优秀率=优秀人数/总人数，故在C54单元格输入公式“=C53/46”，然后选中该单元格，在单元格格式里将其设置成百分比格式。

（7）及格人数和及格率的计算方法与优秀人数和优秀率的计算方法相同。

4.3.4 条件格式

我们再格式化表格的时候，经常需要将个别单元格通过单独格式化的方法，使其醒目显示。接上节，在用函数完成基本统计后，我们要对总评不及格的成绩做出标记，这将用到条件格式。

✲ 使用文档：计算机成绩表.xls

☞ **操作步骤**

（1）选中C3:C44，首先将所有的总评成绩选中，然后点选“格式”菜单中的“条件格式”。

（2）在弹出的条件格式对话框中，将单元格数值的条件设置为“小于”、“60”。（若有多个条件，可单击“添加”，增加条件）如图4–16所示：

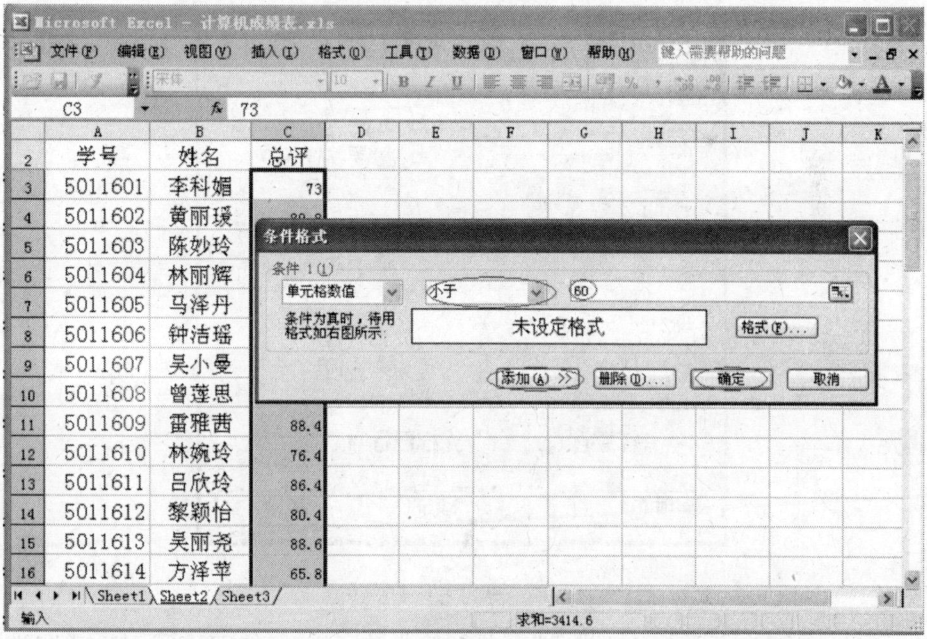

图 4–16

（3）点击设置好的条件下的“格式”按钮，设置条件为真时的待用格式，这里我们将格式设置为红色底纹，故在弹出的"单元格格式"对话框中，选择"图案"，选择红色，单击"确定"。

（4）回到"条件格式"对话框中，单击"确定"，即条件格式设置完成。

4.3.5　排　序

完成班级成绩统计后，我们对班级成绩进行排名。这要使用到EXCEL的排序功能。

✿ 使用文档：**计算机成绩表.xls**

☞ 操作步骤

（1）选择表格区域A2:C44，点选"数据"菜单的"排序"按钮。

（2）在弹出的"排序"对话框中，在"主要关键字"的下拉菜单中选择"总评"字段名，在旁边选择"降序",在"我的数据区域"选择有标题行。单击"确定"即完成排序。（若是多个关键字的排序，则在次要关键字和第三关键字里进行选择字段名。）如图4-17所示：

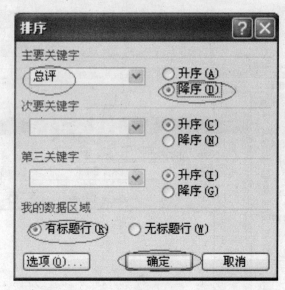

图 4-17

（3）在D2输入字段名"排名"，在D3输入数字1，按住CTRL，对D4:D44进行填充。班级成绩排名计算完毕。

4.3.6　添加边框

表格数据计算完毕后，我们为表格添加边框。

✲ 使用文档：计算机成绩表.xls

☞ 操作步骤

(1) 选中整个表格，点右键，选择“设置单元格格式”。

(2) 在弹出的“单元格格式”对话框中，点选“边框”项。

(3) 在边框项里，先选择“线条”列表框中第五行第二列的粗线条，再点击“预置”列表框中的“外边框”；选择“线条”列表框中第一列最后一行的细线条，点击“预置”列表框中的“内部”，单击“确定”，即完成边框的基本设置。如图4–18所示；

(4) 选中字段名这一行，即第二行，点右键，选择“设置单元格格式”，在弹出的“单元格格式”对话框中，点选“边框”项。

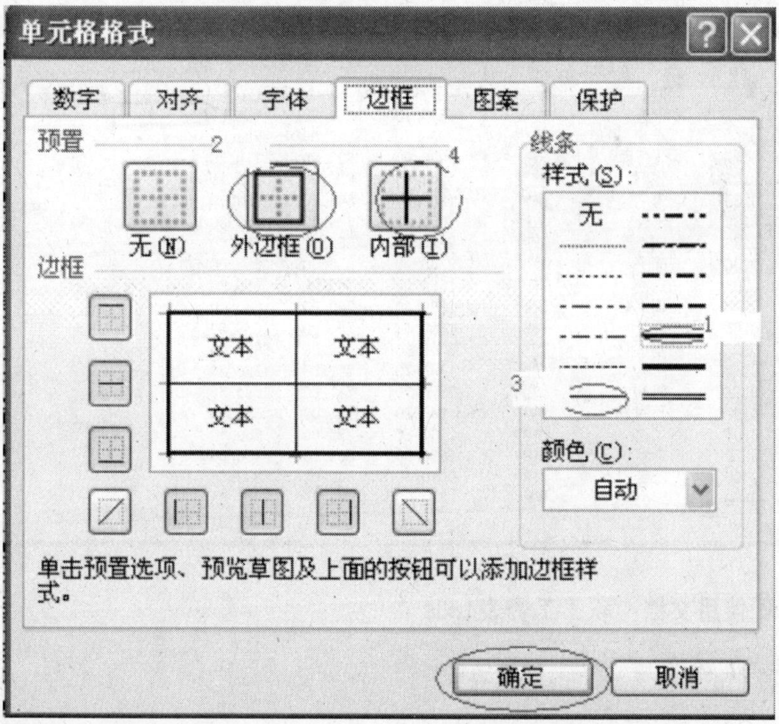

图 4–18

(5) 在边框项里，先选择“线条”列表框中第二列最后一行的双线线条，再在边框预览里点击表格的下边框，单击“确定”，即完成边框的自定义操作。

4.4 IF函数

逻辑函数“IF”是在EXCEL函数中用的比较频繁的一个函数，主要用于逻辑判断时，返回不同的结果。它的操作相对于一些统计基本函数来说，参数较多，参数设置也较复杂。

4.4.1 单层IF函数

在单元格计算时，只用到一个IF函数即可完成运算，则为“单层IF函数”，图4-19为某职工工资表，现要计算出每个职工的津贴，教授为360，讲师为240。

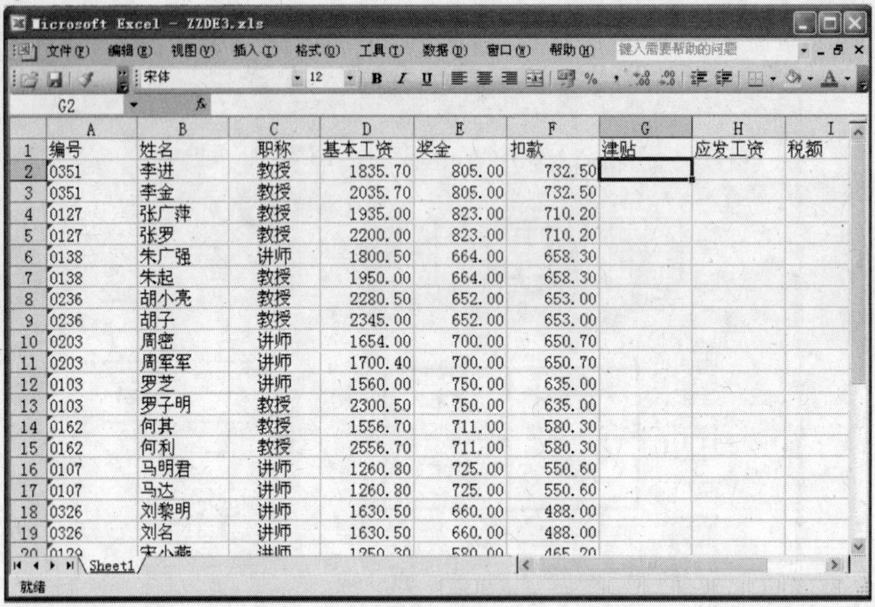

	A	B	C	D	E	F	G	H	I
1	编号	姓名	职称	基本工资	奖金	扣款	津贴	应发工资	税额
2	0351	李进	教授	1835.70	805.00	732.50			
3	0351	李金	教授	2035.70	805.00	732.50			
4	0127	张广萍	教授	1935.00	823.00	710.20			
5	0127	张罗	教授	2200.00	823.00	710.20			
6	0138	朱广强	讲师	1800.50	664.00	658.30			
7	0138	朱起	教授	1950.00	664.00	658.30			
8	0236	胡小亮	教授	2280.50	652.00	653.00			
9	0236	胡子	教授	2345.00	652.00	653.00			
10	0203	周密	讲师	1654.00	700.00	650.70			
11	0203	周军军	讲师	1700.40	700.00	650.70			
12	0103	罗芝	讲师	1560.00	750.00	635.00			
13	0103	罗子明	教授	2300.50	750.00	635.00			
14	0162	何其	教授	1556.70	711.00	580.30			
15	0162	何利	教授	2556.70	711.00	580.30			
16	0107	马明君	讲师	1260.80	725.00	550.60			
17	0107	马达	讲师	1260.80	725.00	550.60			
18	0326	刘黎明	讲师	1630.50	660.00	488.00			
19	0326	刘名	讲师	1630.50	660.00	488.00			

图 4-19

✲ 使用文档：职工工资表1.xls

☞ 操作步骤

(1) 选中G2单元格，点击 f_x 图标，在弹出的“插入函数”的对话框里，选择IF函数，单击"确定"。

　　（2）在弹出的"函数参数"对话框中，可以看到IF函数有3个参数，第一个参数Logical test是条件表达式，这里我们要判断的是职工的职称是"教授"还是"讲师"，所以我们在第一个参数框里输入"C2="教授""。（PS：由于条件是逻辑表达式，而"教授"是文本，故要为"教授"加上英文标点的双引号）

　　（3）第二个参数Value if true是条件为真时的返回值，职称是"教授"时的津贴结果为360，所以在这个参数框里输入360。

　　（4）第三个参数Value if false是条件为假时的返回值，如果职称不是"教授"，那么津贴只能是"讲师"的津贴（非此即彼），即240，故在这个参数框里输入240。

　　（5）单击"确定"，如图4-20所示：

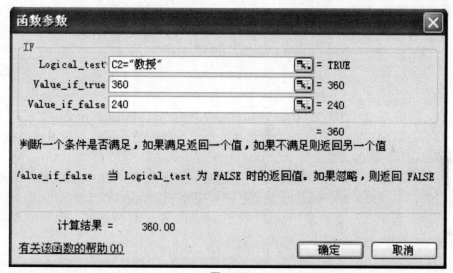

图 4-20

4.4.2　嵌套IF函数

　　在一次EXCEL运算中用到多个IF函数，则称为嵌套IF函数，图4-21为某职工工资表，现要计算职工的年终奖，工资大于等于3000，年终奖为工资的80%，小于1000为工资的60%，其余为工资的70%。

　　✿ 使用文档：职工工资表2.xls

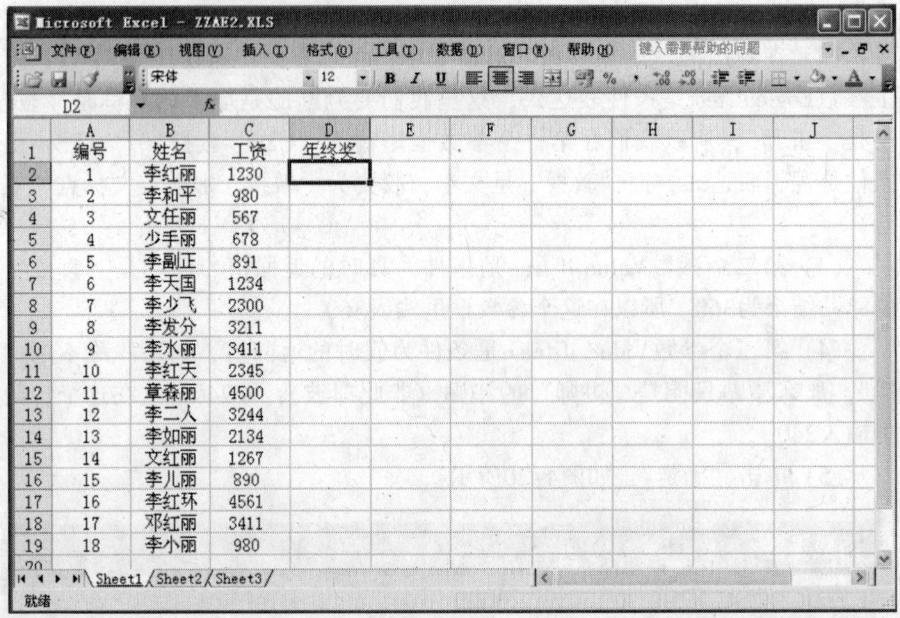

	A	B	C	D
1	编号	姓名	工资	年终奖
2	1	李红丽	1230	
3	2	李和平	980	
4	3	文任丽	567	
5	4	少手丽	678	
6	5	李副正	891	
7	6	李天国	1234	
8	7	李少飞	2300	
9	8	李发分	3211	
10	9	李水丽	3411	
11	10	李红天	2345	
12	11	章森丽	4500	
13	12	李二人	3244	
14	13	李如丽	2134	
15	14	文红丽	1267	
16	15	李儿丽	890	
17	16	李红环	4561	
18	17	邓红丽	3411	
19	18	李小丽	980	

图 4-21

☞ 操作步骤

(1) 选中D2单元格，点击fx图标，在弹出的“插入函数”的对话框里，选择IF函数，单击“确定”。

(2) 在第一个参数框里输入条件，这里有三个条件，我们先输入第一个条件，即“工资大于等于3000”，用表达式表示即“C2>=3000”。

(3) 在第二个参数框中输入“C2>=3000”成立时的结果，即“工资的80%”，“C2*0.8”。

(4) 在第三个参数框里，如果是单层IF函数，我们则在里面输入“C2>=3000”不成立时的结果，但这里还有2个结果，即“工资的70%”和“工资的60%”，故再使用一个IF函数，点击第三个参数框后，再点击“IF”进入到第二个IF函数的设置。如图4-22所示：

(5) 在第二个IF函数的第一个参数框里，输入第二个条件“C2<1000”，然后在第二个参数框中输入“C2<1000”成立时的结果，即“工资的60%”，“C2*0.6”，在第三个参数框里输入前两个条件均不成立的结果，即“工资的70%”，“C2*0.7”，单击“确定”，则IF函数参数设置完毕，如图4-23所示：

(6) 计算出第一个职工的年终奖，其他的职工年终奖则使用填充即可得出。

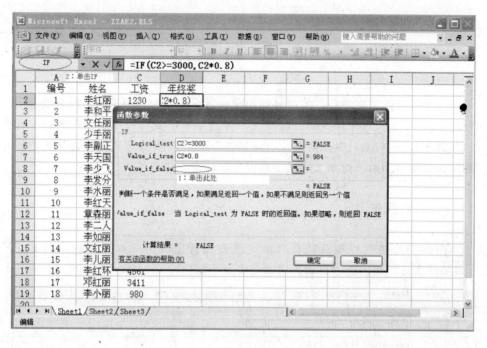

图 4—22

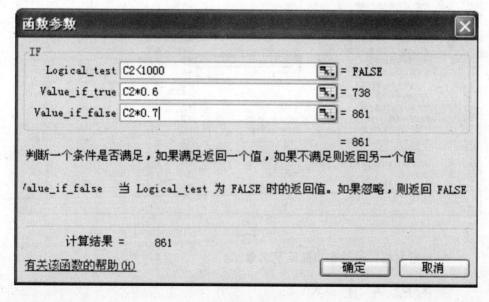

图 4—23

4.5 数据筛选

筛选数据库可以使我们快速寻找和使用数据库中的数据子集。筛选功能可以使Excel只显示出符合我们设定筛选条件的某一值或符合一组条件的行，而隐藏其他行。在Excel中提供了“自动筛选”和“高级筛选”两种命令，自动筛选比较简单易用，而高级筛选能够设置比较复杂的条件。

4.5.1 自动筛选

图4-24为法兰克福队队员名单，现要筛选出队中来自德国的身高超过180cm的队员。我们通过自动筛选来完成这个操作。

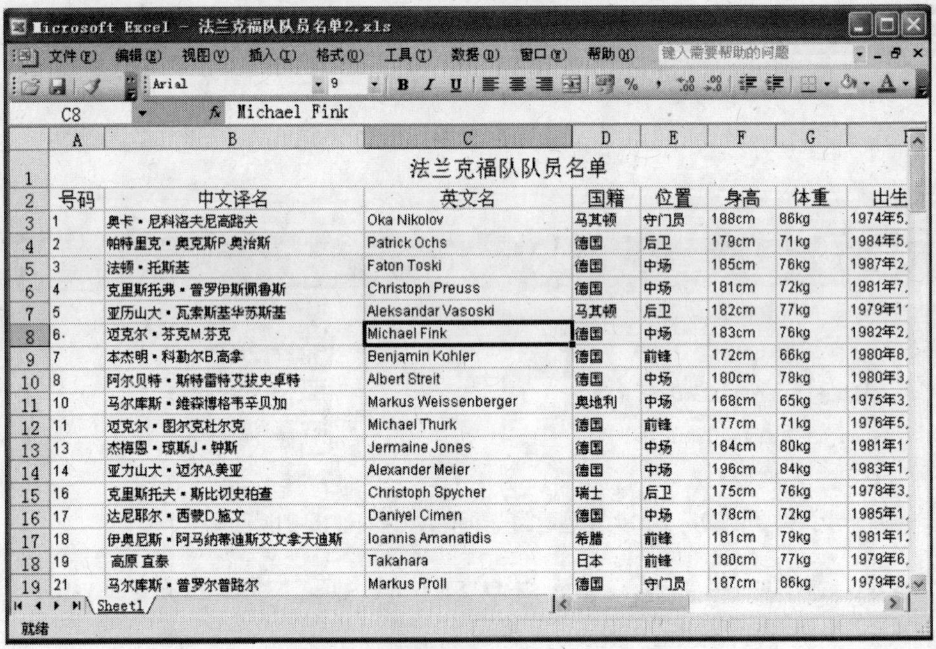

	A	B	C	D	E	F	G	H
1	法兰克福队队员名单							
2	号码	中文译名	英文名	国籍	位置	身高	体重	出生
3	1	奥卡・尼科洛夫尼高路夫	Oka Nikolov	马其顿	守门员	188cm	86kg	1974年5,
4	2	帕特里克・奥克斯P.奥治斯	Patrick Ochs	德国	后卫	179cm	71kg	1984年5,
5	3	法顿・托斯基	Faton Toski	德国	中场	185cm	76kg	1987年2,
6	4	克里斯托弗・普罗伊斯佩鲁斯	Christoph Preuss	德国	中场	181cm	72kg	1981年7,
7	5	亚历山大・瓦索斯基华苏斯基	Aleksandar Vasoski	马其顿	后卫	182cm	77kg	1979年1
8	6	迈克尔・芬克M.芬克	Michael Fink	德国	中场	183cm	76kg	1982年2,
9	7	本杰明・科勒尔B.高拿	Benjamin Kohler	德国	前锋	172cm	66kg	1980年8,
10	8	阿尔贝特・斯特雷特艾拔史卓特	Albert Streit	德国	中场	180cm	78kg	1980年3,
11	10	马尔库斯・维森博格韦辛贝加	Markus Weissenberger	奥地利	中场	168cm	65kg	1975年3,
12	11	迈克尔・图尔克杜尔克	Michael Thurk	德国	前锋	177cm	71kg	1976年5,
13	13	杰梅恩・琼斯J・钟斯	Jermaine Jones	德国	中场	184cm	80kg	1981年1
14	14	亚力山大・迈尔A.美亚	Alexander Meier	德国	中场	196cm	84kg	1983年1,
15	16	克里斯托夫・斯比切史柏查	Christoph Spycher	瑞士	后卫	175cm	76kg	1978年3,
16	17	达尼耶尔・西蒙D.施文	Daniyel Cimen	德国	中场	178cm	72kg	1985年1,
17	18	伊奥尼斯・阿马纳蒂迪斯艾文拿天迪斯	Ioannis Amanatidis	希腊	前锋	181cm	79kg	1981年1
18	19	高原 直泰	Takahara	日本	前锋	180cm	77kg	1979年6,
19	21	马尔库斯・普罗尔普路尔	Markus Proll	德国	守门员	187cm	86kg	1979年8,

图 4-24

✽ 使用文档：法兰克福队队员名单.xls

☞ 操作步骤

(1) 点击“数据”菜单中“筛选”，选择“自动筛选”，则在数据表每个字段名的右边出现一个下拉箭头。

（2）首先我们设置"来自德国"的条件，点击"国籍"字段名旁边的下拉箭头，在下拉菜单中选择"德国"，第一个条件设置完毕，数据表将不符合条件的行隐藏，只显示符合该条件的行。

（3）再设置"身高超过180cm"的条件，点击"身高"字段名旁边的下拉箭头，在下拉菜单中选择"自定义"。

（4）在弹出的"自定义自动筛选方式"对话框中，在第一个下拉框中选择"大于"，第二个框中直接输入180cm。单击"确定"则第二个条件设置完毕。（PS：一定要输入单位符号cm，与数据表的单位相匹配，只输入180，筛选不出来）如图4-25所示：

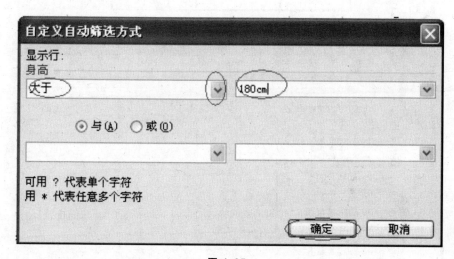

图 4-25

4.5.2 高级筛选

若要在法兰克福队员名单中筛选出1985年出生的或者体重大于60kg的队员。则只能通过高级筛选来完成此操作。

❋ 使用文档：法兰克福队队员名单.xls

☞ 操作步骤

（1）高级筛选要先设立条件区，条件区的格式如图4-26所示。

（2）这里有两个条件"1985年出生"，"体重大于60kg"，我们将条件区写在K1单元格开始的位置，先写第一个条件"1985年出生"，由于要与数据表相匹配，所以找到与其相关的字段名，即"出生日期"，复制这个字段名到K1和L1，然后在K2和L2的位置分别写上">=1985-1-1"，"<=1985-12-31"。则第一个条件输入完毕。

R	S	T
	字段名	字段名
与	条件表达式	条件表达式
	字段名	字段名
或	条件表达式	
		条件表达式

图 4-26

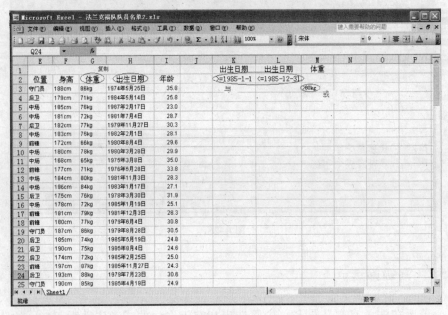

图 4-27

（3）再写第二个条件"体重大于60kg"，找到与此条件相关的字段名，即"体重"，将其复制到M1，由于第一个条件和第二个条件之间的关系是"或"，所以将"体重"的条件表达式写在M3，在M3写上">60kg"。则条件区输入完毕。

（4）写完条件区后，我们将鼠标点击数据表任意一单元格，然后点击"数据"菜单中"筛选"，选择"高级筛选"，弹出"高级筛选"的对话框。

（5）在高级筛选的方式上选择"将筛选结果复制到其他位置"，在"列表区域"上用"[图标]"选择数据区域"A2:I29"；而条件区域则选择为"K1:M3"；在"复制到"里则是我们结果的输出位置，这里我们选择"A32"。则高级筛选设置完毕。如图4-28所示。点击"确定"则会出现筛选结果。

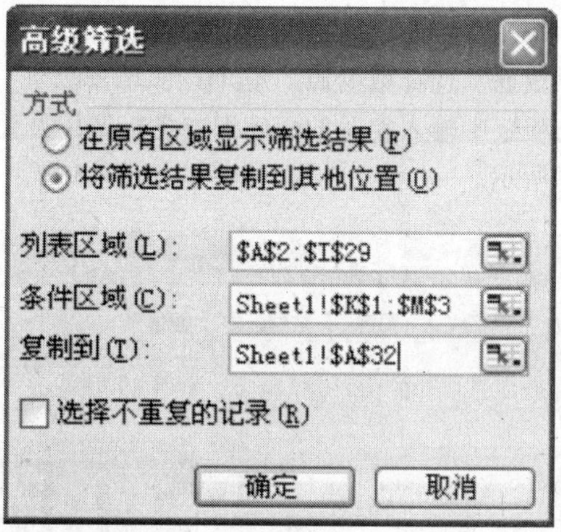

图 4-28

4.6　图　表

Excel很容易吧那些枯燥乏味的数字，变成直观易懂的图形，使用户不必记住一连串的数字以及他们之间的关系和趋势，只需拿出一幅图片或者一个曲线就可以一目了然。由于使用图表，使得用Excel编制的工作表更易于理解和交流，还给生产、工作及经营等领域提供了一种快捷、直观的图示分析。

4.6.1　建立图表

我们可以使用"插入"菜单的"插入图表"或者工具栏上的"图表向导"[图标]"来完成建立共4个步骤的建立图表的操作。下面我们通过"实际利用外资和旅游外汇收入（分省）.xls"SHEET2工作表里的数据来建立一个图表。

✿ 使用文档：实际利用外资和旅游外汇收入（分省）.xls

☞ **操作步骤**

(1) 选择要制作图表的数据区域, 即SHEET2工作表A4: D12区域。单击工具栏上的图表向导按钮 "🖼️"。

(2) 在弹出的 "图表类型" 窗口中选择要求的类型 "三维簇状柱形图", 单击 "下一步"。

(3) 在 "图表源数据" 选择数据源即A4:D12, 单击 "下一步"。

(4) 在 "图表选项" 中输入相关的内容即各类标题以及图例位置等, 单击 "下一步", 如图4-29所示。

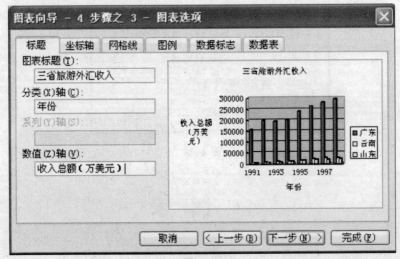

图 4-29

(5) 在 "图表位置" 中选择好图表的位置, 单击 "完成" 按钮, 即可完成图表的制作。

4.6.2 格式化生成的图表

在建立好图表后, 我们要对其进行相应的格式化操作。

✱ 使用文档: 实际利用外资和旅游外汇收入 (分省) .xls

☞ **操作步骤**

单击生成的图表, 单击要进行格式化的图表对象, 右击鼠标, 在弹出的菜单中选择 "数据系列格式", 以弹出的窗口中进行相关设置即可。如图4-30, 4-31所示:

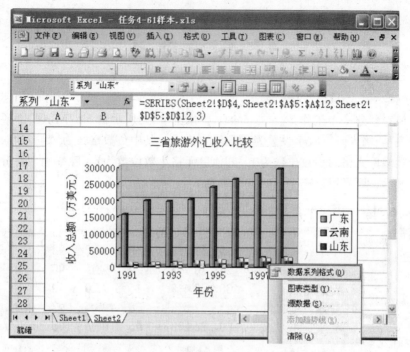

图 4—30

图 4—31

4.7 综合练习

任务一：完成以下操作要求。

（1）新建一个工作簿，在 sheet1 中按图 4-32所示输入 "NBA西部西南区排名表"。输入时，数字设置为 "数值" 格式，其中负数格式为 "-1234"，胜、负、胜差单元格的小数位数为0，其他单元格小数位数为1，胜率用 "百分比样式" 显示，序号用填充序列的方法填充。

NBA西部西南区排名表								
序号	球队	胜	负	胜率	胜差	得分	失分	分差
1	小牛	67	15	81.7%	0	100.0	92.8	7.2
2	马刺	58	24	70.7%	9	98.5	90.1	8.4
3	火箭	52	30	63.4%	15	97.0	92.1	4.9
4	黄蜂	39	43	47.6%	28	95.5	97.1	-1.6
5	灰熊	22	60	26.8%	45	101.6	106.7	-5.1

图 4-32

（2）在sheet2中，按图4-33所示输入 "广东省地市邮编区号"，其中的数字设置为 "文本" 格式，先输入标题和字段名，其他各条纪录用 "数据" 菜单中的 "记录单…" 对话框录入。

广东省地市邮编区号		
地区名称	邮政编码	电话区号
广州	510000	020
汕尾	516600	0660
潮阳	515100	0661
阳江	529500	0662
揭阳	515500	0663
茂名	525000	0668
江门	529000	0750
韶关	512000	0751
惠州	516000	0752
梅州	514000	0753
汕头	515000	0754
深圳	518000	0755
珠海	519000	0756
佛山	528000	0757
肇庆	526000	0758
湛江	524000	0759
中山	528400	0760
河源	517000	0762
清远	511500	0763
顺德	528300	0765
云浮	527300	0766
潮州	515600	0768
东莞	511700	0769

图 4-33

（3）在sheet3中，按图4-34所示输入"火箭队员名单"，其中的号码设置为"文本"格式，生日设置为日期格式。完成后以文件名"输入练习.xls"保存工作簿到自己的文件夹。

火箭队员名单			
号码	姓名	位置	生日
20	琼-巴里	后卫	1969年7月25日
40	瑞安-勃文	前锋	1975年11月20日
5	朱万-霍华德	前锋	1973年2月7日
1	特雷西-麦格雷迪	后卫	1979年5月24日
55	迪肯贝-穆托姆博	中锋	1966年6月25日
35	朗尼-巴克斯特	前锋	1979年1月27日
12	拉夫-阿尔斯通	后卫	1976年7月24日
3	鲍勃-苏拉	后卫	1973年3月25日
25	穆奇-诺里斯	后卫	1973年7月27日
8	德里克-安德森	后卫	1974年7月18日
4	斯特罗迈尔-斯威夫特	中锋-前锋	1979年11月21日
7	大卫-韦斯利	后卫	1970年11月14日
11	姚明	中锋	1980年9月12日
2	卢瑟-海德	后卫	1982年11月26日

图 4-34

任务二：完成以下操作要求。

（1）新建一个工作簿，在 sheet1 中输入图 4-35所示内容。

1	1	1	2	一月	1998-1-1	2001-1-1	星期一
2	3	4	6				

图 4-35

（2）用自动填充的方法完成如图4-36所示其他内容的输入。

（3）完成后以文件名"填充练习.xls"保存工作簿到自己的文件夹。

1	1	1	2	一月	1998-1-1	2001-1-1	星期一
2	3	4	6	二月	1998-1-2	2002-1-1	星期二
3	5	7	10	三月	1998-1-3	2003-1-1	星期三
4	7	10	14	四月	1998-1-4	2004-1-1	星期四
5	9	13	18	五月	1998-1-5	2005-1-1	星期五
6	11	16	22	六月	1998-1-6	2006-1-1	星期六
7	13	19	26	七月	1998-1-7	2007-1-1	星期日
8	15	22	30	八月	1998-1-8	2008-1-1	星期一
9	17	25	34	九月	1998-1-9	2009-1-1	星期二
10	19	28	38	十月	1998-1-10	2010-1-1	星期三
11	21	31	42	十一月	1998-1-11	2011-1-1	星期四
12	23	34	46	十二月	1998-1-12	2012-1-1	星期五
13	25	37	50	一月	1998-1-13	2013-1-1	星期六
14	27	40	54	二月	1998-1-14	2014-1-1	星期日

图 4-36

任务三：完成以下操作要求。

（1）新建一个工作簿，在 sheet1 中输入如图4-37所示"香港，澳门航线航班计划表"，离站和到站设置为"时间"格式。

香港，澳门航线航班计划表										
航班号	机型	班次	班期		航站	离站	到站	航站	离站	到站	航站
CZ301/2	A320	14	①②③④⑤⑥⑦	广州	08:25	09:20	香港	10:20	10:55	广州
CZ319/20	A320	14	①②③④⑤⑥⑦	广州	09:30	10:15	香港	19:30	20:10	广州
CZ303/4	A319	14	①②③④⑤⑥⑦	广州	11:45	12:35	香港	13:20	14:00	广州
CZ305/6	A319	14	①②③④⑤⑥⑦	广州	18:40	19:30	香港	20:20	21:10	广州
CZ307/8	A319	14	①②③④⑤⑥⑦	广州	14:45	15:40	香港	16:20	17:05	广州

图 4-37

（2）班期中的的①~⑦可以在智能ABC输入方式下输入字母V和数字2选择，或打开软键盘，选择数字序号方式输入。

（3）完成后以文件名"输入练习2.xls"保存工作簿到自己的文件夹。

任务四：完成以下操作要求。

（1）新建一个工作簿，在 sheet1 中输入本小组同学名单，字段名为序号、姓名、学号、性别、身高、特长、出生日期。

（2）输入纪录时，字段自动填充，学号设置为"文本"格式，性别设置数据有效性为序列"男,女"，身高设置为"数值"格式，取两位小数，出生日期设置为"日期"格式。

（3）完成后以文件名"我的小组.xls"保存工作簿到自己的文件夹。

任务五：完成以下操作要求。

(1) 新建一个工作簿，在 sheet1 中以A1为左上角，输入如图 4-38所示内容。

编号	姓名	部门代码	基本工资	奖金	扣款
0103	罗子明	B01	1300.50	750.00	635.00
0127	张广萍	A02	1435.00	823.00	710.20
0236	胡小亮	B01	1280.50	652.00	653.00
0351	李金	B01	1535.70	805.00	732.50
0162	何利	A02	1556.70	711.00	580.30
0138	朱广强	A02	1800.50	664.00	658.30
0129	宋小燕	B03	1250.30	580.00	465.20
0326	刘黎明	B03	1630.50	660.00	488.00
0107	马明君	A02	1260.80	725.00	550.60
0203	周军军	B03	1700.40	700.00	650.70

图 4-38

(2) 将sheet1中的内容复制到sheet2中，将sheet1改名为"工资表"，sheet2改名为"工资表备份"。

(3) 如图4-39所示，在"工资表"中完成以下操作：

工厂工资表							
序号	编号	姓名	部门代码	基本工资	奖金	补贴	扣款
1	0103	罗子明	B01	1300.50	750.00	200.00	635.00
2	0127	张广萍	A02	1435.00	823.00	200.00	710.20
3	0236	胡小亮	B01	1280.50	652.00	200.00	653.00
4	0351	李金	B01	1535.70	805.00	200.00	732.50
5	0162	何利	A02	1556.70	711.00	200.00	580.30
6	0138	朱广强	A02	1800.50	664.00	200.00	658.30
7	0129	宋小燕	B03	1250.30	580.00	200.00	465.20
8	0107	周密	A02	1654.00	700.00	200.00	620.50
9	0326	刘黎明	B03	1630.50	660.00	200.00	488.00
10	0107	马明君	A02	1290.00	725.00	200.00	550.60
11	0203	周军军	B03	1700.40	700.00	200.00	650.70

图 4-39

(4) 在字段"扣款"前加入一列，字段名为"补贴"，数据为每人200。

(5) 在编号前插入一列，字段名为"序号"，填充序号"1，2，……，10"。

(6) 字段名前加入一行，在A1单元格输入"工厂工资表"，将A1：H1单元格合并居中。

（7）在刘黎明前插入一行，重新填充序号，在B10:H10中输入数据"0107，周密，A02，1654，700，200，620.5"，将H9单元格的格式复制到E10：H10单元格。

（8）将马明君的基本工资改为1290，并显示为蓝色。

（9）复制"工资表"，将"工资表（2）"改名为"工资表打印"，并移动到"工资表"的前面。

（10）在"工资表打印"中完成如下格式化要求。

（11）各列列宽为"最合适的列宽"，标题行行高为30，字段名行行高为24，其他行行高为"最合适的行高"。

（12）第1、2两行对齐方式为水平与垂直方向居中，姓名列（不含"姓名"单元格）数据水平分散对齐，其他单元格数据水平居中。

（13）标题为深蓝色16号宋体加粗。

（14）字段名单元格的数据为 12 号红色黑体字，并加细右斜对角线条纹底纹，底纹颜色淡黄色，底纹图案淡蓝色。

（15）各项工资数据为紫色宋体。

（16）"姓名"列中每个人的姓名为斜体字，字的颜色为蓝色。

（17）如图4-40所示加边框线。

工厂工资表

序号	编号	姓名	基本工资	奖金	补贴	扣款
1	0103	罗子明	1300.50	750.00	200.00	635.00
2	0127	张广萍	1435.00	823.00	200.00	710.20
3	0236	胡小亮	1280.50	652.00	200.00	653.00
4	0351	李 金	1535.70	805.00	200.00	732.50
5	0162	何 利	1556.70	711.00	200.00	580.30
6	0138	朱广强	1800.50	664.00	200.00	658.30
7	0129	宋小燕	1250.30	580.00	200.00	465.20
8	0107	周 密	1654.00	700.00	200.00	620.50
9	0326	刘黎明	1630.50	660.00	200.00	488.00
10	0107	马明君	1290.00	725.00	200.00	550.60
11	0203	周军军	1700.40	700.00	200.00	650.70

图 4-40

（18）隐藏"部门代码"列。

（19）删除工作表sheet3.

（20）为工作表"工资表打印"添加保护密码"123"。

（21）以文件名"工厂工资表.xls"保存工作簿到自己的文件夹。

任务六：完成以下操作要求。

（1）打开工作簿"广东省部分城市空气质量日报.xls"。

（2）选中整张sheet1工作表，将单元格对齐方式设置为水平方向常规，垂直方向居中，字体字号为12号宋体，列宽为"最适合的列宽"。

（3）设置标题为16号加粗，将单元格A1:F1合并居中。

（4）将F4单元格改为"2001年3月14日"格式。

（5）在第2行前面插入一行，将F5内容复制到E2单元格，将单元格A2:E2合并，右对齐，删除F列。

（6）对"状况"列设置条件格式：优为蓝色，良为绿色。

（7）如图4-41所示，表格自动套用格式"序列1"。

广东省部分城市空气质量日报				
			2007年5月2日	
城市	指数	首要污染物	级别	状况
广州	99	二氧化氮	II	良
韶关	55	二氧化硫	II	良
韶关	78	二氧化氮	II	良
珠海	53	可吸入颗粒物	II	良
汕头	68	可吸入颗粒物	II	良
佛山	74	可吸入颗粒物	II	良
江门	100	可吸入颗粒物	II	良
湛江	47	—————	I	优
茂名	72	可吸入颗粒物	II	良
肇庆	63	可吸入颗粒物	II	良
惠州	78	可吸入颗粒物	II	良
梅州	65	可吸入颗粒物	II	良
汕尾	42	—————	I	优
河源	24	—————	I	优
阳江	66	可吸入颗粒物	II	良
清远	46	—————	I	优
东莞	79	可吸入颗粒物	II	良
中山	59	可吸入颗粒物	II	良
潮州	58	可吸入颗粒物	II	良
揭阳	62	可吸入颗粒物	II	良
云浮	53	可吸入颗粒物	II	良

图 4-41

（8）完成后以文件名"空气质量日报.xls"保存工作簿到自己的文件夹。

任务七：完成以下操作要求。

（1）打开工作簿"少数民族人口.xls"，选中sheet1整张工作表，设置单元格水平方式为"常规"。

（2）插入一个工作表，将新工作表改名为"表2-2"，将sheet1中的内容复制到工作表"表2-2"中。

（3）将B1内容移动到B2，A2:E2合并居中，3行前面加入2行，标题中的"(1990)"移动到E4，去掉"()"。

（4）将E4右对齐，并设置为隶书、斜体。

（5）将第2行标题设置为蓝色、粗楷体、16磅大小、加下划双线。

（6）设置第5行行高为30，水平垂直方向居中，粗体。

（7）A列列宽为6，B、C、D列列宽为4，E列为"最适合的列宽"。

（8）设置A6:A23分散对齐，E6:E23靠左缩进1，将A1设置为45度方向。

（9）设置边框线和25%的灰色底纹。

（10）对"占总人口（%）"数据设置条件格式：≥30，用红色底纹；<10，用蓝色底纹；其他加紫色底纹。

（11）完成后以原名保存工作簿到自己的文件夹，退出Excel。

任务八：用Excel制作一个如下图4-42所示课程表，完成后以文件名"我的课程表.xls"保存到自己的文件夹。

课程表

节次	星期一	星期二	星期三	星期四	星期五
1					
2					
3					
4					
中午休息					
5					
6					
7					

图 4-42

任务九：打开工作簿"2班成绩表.xls"，完成2班成绩汇总工作。

（1）用公式计算"任盈盈"的总分和平均分：

F3 =C3+D3+E3

G3 =F3/3

平均分保留2位小数，用填充公式的方法完成对其他同学的计算。

（2）按平均分由高到低进行排序。

（3）在名次列从填充序列"1，2，……，20"。

（4）在sheet1后面插入一张工作表，改名为"表二"，将sheet1中的内容复制到表二。

（5）在表二中，为排名前三位同学的数据添加淡蓝色底纹，按学号由小到大排序，将单科不及格的成绩数据添加红色底纹，全部设置为最适合的列宽，如图4-43所示添加边框线。

2班成绩表

学号	姓名	语文	数学	英语	总分	平均分	名次
2007001	岳灵珊	80	75	83	238	79.33	12
2007003	左冷禅	78	92	77	247	82.33	7
2007004	童百熊	72	80	88	240	80.00	10
2007005	向问天	85	75	90	250	83.33	5
2007006	曲飞燕	79	68	84	231	77.00	14
2007007	任盈盈	95	89	91	275	91.67	1
2007007	林平之	89	83	76	248	82.67	6
2007008	宁中则	69	93	78	240	80.00	9
2007009	刘振峰	75	80	87	242	80.67	8
2007010	陆大有	78	95	65	238	79.33	11
2007011	仪琳	89	77	88	254	84.67	4
2007012	上官云	56	78	89	223	74.33	16
2007013	东方不败	88	90	83	261	87.00	3
2007014	余沧海	87	77	59	223	74.33	17
2007015	令狐冲	90	85	92	267	89.00	2
2007016	陶根仙	75	73	89	237	79.00	13
2007017	田伯光	50	70	63	183	61.00	20
2007018	杨莲亭	81	82	67	230	76.67	15
2007019	劳德诺	68	56	78	202	67.33	19
2007020	木高峰	78	45	89	212	70.67	18

图 4-43

（6）复制sheet1到表二的后面，改名为"表三"，复制表三中F3:G22，用选择性粘贴选择将数值粘贴到J3起始位置，删除语文、数学、英语三列数据，将J3:K22移动到F3起始位置。（注意观察过程中数据的变化情况）

（7）以原名保存工作簿到自己的文件夹。

任务十：打开工作簿"入学成绩.xls"，完成入学成绩汇总工作。

（1）计算英语得分：G3 =D3+E3+F3，填充公式。

（2）在英语后面插入一张工作表，改名为"汇总"。

（3）将英语工作表A2:C25复制到汇总工作表A2起始的位置。

（4）在汇总工作表D2输入"总分"，E2输入"名次"，A1输入"成绩汇总表"，A1:E1合并居中。

（5）在汇总工作表D3:D25计算四门课程的总分：

D3 =语文! C5+数学! C5+计算机! C5+英语! G5，填充公式。

（6）按总分排序后，填充名次。

（7）将成绩汇总表以性别为主要关键字升序，总分为次要关键字降序重新排序。

（8）如图4-44为成绩汇总表添加边框和底纹。

成绩汇总表

学号	姓名	性别	总分	名次
2007003	陈东阳	男	343	2
2007002	王明辉	男	334	4
2007022	宋文成	男	334	5
2007001	李军	男	332	7
2007011	赵小红	男	330	8
2007006	李山	男	326	10
2007007	蒋宏	男	323	12
2007018	赵青	男	323	13
2007019	张晓龙	男	309	16
2007020	陈明	男	305	17
2007008	张文峰	男	304	18
2007010	杨芸	男	281	20
2007012	黄河	男	275	21
2007023	褚莹莹	女	353	1
2007005	李兰	女	343	3
2007015	杨华兰	女	333	6
2007021	尚小芳	女	330	9
2007017	刘霞	女	326	11
2007016	王芳	女	320	14
2007004	吴亦俊	女	310	15
2007014	曹晓华	女	299	19
2007013	杨峰	女	275	22
2007009	黄霞	女	252	23

图4-44

（9）以原名保存工作簿到自己的文件夹。

任务十一：打开工作簿"公司工资.xls"，完成应发工资的计算。

（1）在G2:I2输入"公司奖金，部门奖金，应发工资"。

（2）将A1:I1合并居中。

（3）复制并填充公司奖金，按部门排序，复制并填充部门奖金，清除格式。

（4）计算填充应发工资。

（5）以原名保存工作簿到自己的文件夹。

任务十二：打开工作簿"NBA西部西南区排名表.xls"，完成以下操作：

（1）计算胜率：E3=C3/(C3+D3)，填充公式。

（2）计算胜差：F3=$C$3−C3，填充公式。

（3）计算分差：I3=G3−H3，填充公式。

（4）完成后以原名保存工作簿到自己的文件夹，退出Excel。

任务十三：打开工作簿"就业结构.xls"，完成以下操作：

（1）删除表格中"服装业"与"汽车工业"之间的空行。

（2）用公式求出各行业的增减幅度（增减幅度=就业变化人数/原有人数）。

（3）将所有信息按增减幅度从高到低排序。

（4）根据排序结果填入"编号"栏（编号从D001到D004）。

（5）将表格中的"编号"栏中的数据垂直和水平居中。

（6）完成后以原名保存工作簿到自己的文件夹，退出Excel。

任务十四：请用Excel解答如下问题：

（1）某单位 1994 年的销售额为 2500 万元，若按 4% 的增长率增长，5年后的销售额应为多少？

（2）若增长率仍为 4%，求多少年后，销售额可达 4000 万元？

（3）若 5 年后销售额要达到 4000 万元，增长率为多少？

任务十五：打开工作簿"计算机成绩表.xls"，完成以下成绩总评、学分转换和成绩分析工作。

（1）按以下比例计算每位同学的"总评"成绩：平时30%，考勤10%，期中20%，期末40%，保留两位小数。计算公式=平时*0.3+考勤*0.1+期中*0.2+期末*0.4。

（2）对总评成绩应用条件格式：大于等于90为绿色，小于60为红色，其他为蓝色。

（3）用IF函数计算出每位同学的学分：60分以上为2，60分以下为0。

（4）用两层IF函数计算出每位同学的绩点：45（含45）分以上为2，小于60分为0，其它均为1。

（5）用公式计算每位同学的学分绩点：学分绩点=学分*绩点

（6）用函数和公式计算平时、出勤、期中、期末和总评分的总人数

（COUNT函数）、平均分（AVERAGE函数）、最高分（MAX函数）、最低分（MIN函数）、及格人数（COUNTIF函数）、及格率、良好人数（大于等于40分）和良好率。其中分数保留两位小数，人数不要小数，比率用百分比形式表示，保留1位小数。

（7）将以上总评分的统计数据用选择性粘贴复制到sheet2工作表相应位置，采用原有格式，并对照图4-45进行相应的格式化。

成绩分析表

总人数	44
平均分	85.65
最高分	95.50
最低分	56.00
60分以上人数	43
及格率	97.7%
80分以上人数	32
良好率	72.7%

图 4-45

（8）以原名保存工作簿到自己的文件夹。

任务十六：打开工作簿"法兰克福队队员名单.xls"，完成以下统计分析工作。

（1）用函数COUNT统计全队人数。

（2）计算年龄：=（函数TODAY()－出生日期)/365，单元格格式为数值型，无小数位。

（3）用AVERAGE函数计算平均年龄，单元格小数位取1位。

（4）在J3:J29单元格取出不包含单位的身高信息：J3=LEFT（F3，3），J4:J29填充函数；用LEFT函数在K3:K29单元格取出不包含单位的体重信息。

（5）在L3:M29用VALUE函数将身高和体重信息转换为数值格式。

（6）在L30:M30用AVERAGE函数计算平均身高和体重，用选择性粘贴转置粘贴数值到D34:D35，保留两位小数。

（7）将C32:D35区域的统计信息复制到sheet2工作表A3开始的位置，保持原有数值和格式不变，在A2单元格输入"统计信息表"。

（8）删除sheet1工作表J、K、L、M四列的中间信息，将sheet2改名为"统计信息"，删除工作表sheet3。

（9）参照图4-46编辑格式化统计信息表。

统计信息表	
全队人数	27
平均年龄	26.2
平均身高	183.33
平均体重	77.63

图 4-46

（10）以原名保存工作簿到自己的文件夹。

任务十七：打开工作簿"歌手评分.xls"，完成校园十佳歌手评选评分计算工作，评分要求为：去掉一个最高分，一个最低分，余下得分取平均为每位选手的最后得分（保留2位小数），得分前10名获"校园十佳歌手"称号。

（1）在sheet1工作表H3:L3单元格内输入"总分，最高分，最低分，最后得分，名次"，用函数和公式计算总分，最高分，最低分和最后得分。

（2）按得分从高到低将各位歌手所有信息排序，填充"名次"。

（3）按歌手编号由低到高重新排序。

（4）将sheet1中的名次复制到sheet2歌手名单相应的位置。

（5）将sheet2歌手名单按名次由低到高排序。

（6）插入一张工作表，改名为"十佳名单"。

（7）将sheet2歌手名单中的前十名复制到工作表"十佳名单"A3开始的位置，在A1输入标题"校园十佳歌手"，将A1:C1合并居中，如图4-47所示进行格式化。

校园十佳歌手		
歌手编号	姓名	名次
8	容祖儿	1
14	满文军	2
7	刘欢	3
17	梁音	4
1	成龙	5
11	韩磊	6
12	李瑛	7
9	汤灿	8
16	胡雁	9
4	宋祖英	10

图 4-47

(8) 以原名保存工作簿到自己的文件夹，退出Excel。

任务十八：打开工作簿“主要城市天气预报.xls”，完成各个城市每日高温、低温、温差，全国最高高温、最低低温、平均高温、平均低温、平均温差的分析计算。

(1) 复制sheet1工作表到sheet2，在sheet2将标题改为“全国主要城市天气分析”，将sheet3改名为“分析表”。

(2) 计算04日20时至05日20时的低温、高温和温差：在D列前插入3列，将B3:F3合并居中，在D4:F4输入“低温，高温，温差”，D5=VALUE (LEFT (C5,2))，E5 =VALUE (MID (C5,6,2))，F5 =E5-D5，填充函数公式。

(3) 在sheet3工作表A1:A6单元格输入“分析统计表，最高高温，最低低温，平均高温，平均低温，平均温差”，在C1单元格输入“全国”。

(4) 在“分析统计表，最高高温，最低低温，平均高温，平均低温，平均温差”等内容前面加上“全国”，放到A10开始的位置：A10=CONCATENATE ($C$1,A1)，填充函数。

(5) 在B11:B15计算相应的天气统计分析数据：B11=MAX (sheet2! E5:E54)，B12=MIN (sheet2! D5:D54)，B13=AVERAGE (sheet2! E5:E54) ……

(6) 在气温数据后面加上单位：在C2输入“℃”，C11=CONCATENATE (B11,$C$2)，填充函数。

(7) 隐藏B列，如图4-48所示编辑和格式化全国分析统计表。

全国分析统计表	
全国最高高温	35℃
全国最低低温	5℃
全国平均高温	26.62℃
全国平均低温	16.42℃
全国平均温差	10.2℃

图 4-48

(8) 以原名保存工作簿到自己的文件夹。

任务十九：打开工作簿“酒店价格分析.xls”，完成以下对广交会期间广州酒店价格变化的分析计算工作。

(1) 计算每间店的涨幅：涨幅=（交易会期间价格-平时价格）/平时价格，以百分比样式显示，保留2位小数。

(2) 插入工作表sheet2，在sheet1工作表用自动筛选筛选出平时价格在700元以下的五星级酒店，将筛选结果复制到sheet2工作表A1开始的位置。

（3）在sheet1工作表选择全部显示，用自动筛选筛选出交易会期间价格在700元以下的酒店，将筛选结果复制到sheet2工作表A10开始的位置。

（4）在sheet1工作表取消自动筛选，用高级筛选筛选出交易会期间价格在1000元以下的四星级酒店，条件写在H3单元格开始的位置，将筛选结果复制到A50开始的位置。

（5）用高级筛选筛选出交易会期间价格涨幅在300%以下的五星级酒店，条件写在H4单元格开始的位置，将筛选结果复制到A60开始的位置。

（6）将广州星级酒店交易会价格比较分析表以星级为主要关键字（降序），涨幅为次要关键字（升序）进行排序。

（7）按排序结果重新填充序号。

（8）以原名保存工作簿到自己的文件夹，关闭工作簿窗口，不退出Excel。

任务二十：打开工作簿"法兰克福队队员名单2.xls"，完成以下分析工作。

（1）用自动筛选筛选出所有1985年之后出生的德国队员，将结果复制到A32开始的位置，取消自动筛选状态。

（2）用高级筛选筛选出所有不到30岁的中场队员，条件写在A42开始的位置，结果放到A46开始的位置。

（3）用高级筛选筛选出所有身高大于等于190CM或位置为守门员的运动员，条件写在A54开始的位置，结果放到A62开始的位置。

（4）以原名保存工作簿到自己的文件夹，关闭工作簿窗口，退出Excel。

任务二十一：打开工作簿"电子部工资表.xls"，完成以下计算汇总工作。

（1）用IF函数计算填发奖金：高工1000，工程师400，助工500。

（2）用IF函数计算填发三八节补助：女职工50，男职工20。

（3）计算应发工资。

（4）计算个税：应发工资在不高于1900，个税=（应发工资–1400）×5%，应发工资高于1900，个税=（应发工资–1900）×10%+25。

（5）计算实发工资。

（6）以职称为主要关键字（升序），实发工资为次要关键字（降序）排序。

（7）用高级筛选的方法，在37–39行建立条件区域，筛选出实发工资大于等于3000，或性别为"女"的所有纪录，结果放到A42开始的位置。

（8）以原名保存工作簿到自己的文件夹，退出Excel。

任务二十二：打开工作簿"图书清单.xls"，完成以下工作。

（1）插入一张工作表，改名为"出版社7-104"，用自动筛选的方法将sheet1工作表中出版社编号为7-104的图书记录筛选后复制到过来，恰当调整行高列宽。

（2）插入一张工作表，改名为"图书编号及价格"，用自动筛选的方法将sheet1工作表中图书编号以"G005"开始，价格小于15元的记录筛选后复制过来，恰当调整行高列宽。

（3）用函数完成sheet1中"平均价格、价格合计、最高价格、最低价格"几项数据的计算。

（4）以原名保存工作簿到自己的文件夹，退出Excel。

任务二十三： 打开工作簿"实际利用外资和旅游外汇收入（分省）.xls"，完成以下分析计算工作。

（1）利用sheet1中的数据，在sheet2中整理出如下图4-49所示数据资料。

旅游外汇收入总额			
			单位：万美元
采集年份	广东	云南	山东
1991	156000	6313	5093
1992	198400	6727	6153
1993	195000	10273	6863
1994	201300	12440	10700
1995	239300	16503	15400
1996	263800	22111	19686
1997	280100	26817	20377
1998	294292	26103	21950

图 4-49

（2）如图4-50所示，用sheet2中A4:D12的数据资料创建内嵌三维簇状柱形图，系列产生在列，删除系列"采集年份"，分类标志选取Sheet2! $A$5:$A$12，图表标题为"三省旅游外汇收入"，分类轴标题为"年份"，数值轴标题为"收入总额（万美元）"，显示图例，图表放到数据表的下方，将数据系列格式的图案内部使用填充效果。

（3）如图4-51所示，用sheet2中B4:D4及B12:D12的数据创建内嵌分离型三维饼图。图表标题为"1994年三省旅游外汇收入份额"，显示图例，显示数据标志中的百分比。

（4）以原名保存工作簿到自己的文件夹，关闭工作簿窗口，不退出Excel。

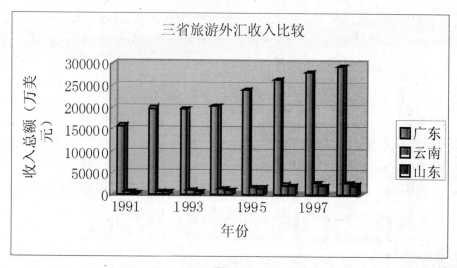

图 4-50

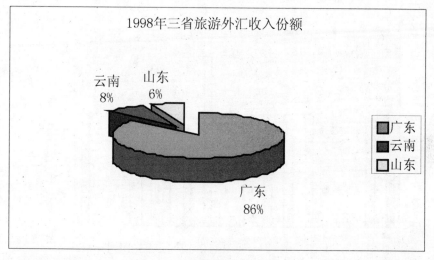

图 4-51

任务二十四：打开工作簿"双色球.xls"，完成以下统计分析工作。

（1）统计红球出现次数。在"统计数据"工作表C4单元格输入函数表达式：=COUNTIF（开奖公告! $B$4:$G23,B4），然后填充函数到C5:C36单元格区域。

（2）统计篮球出现次。在"统计数据"工作表E4单元格输入函数表达式：=COUNTIF（开奖公告! $H$4:$H$23, D4），然后填充函数到E5:E19区域。

（3）将sheet3改名为"统计图表"。

（4）如图4-52所示，用红球次数和篮球次数数据分别创建内嵌簇状柱形图，放到工作表"统计图表"中。

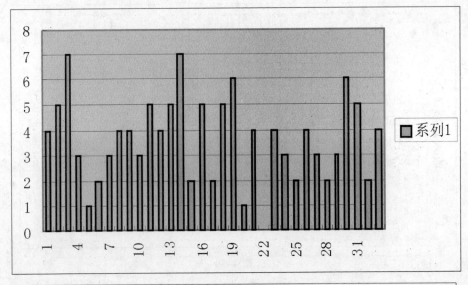

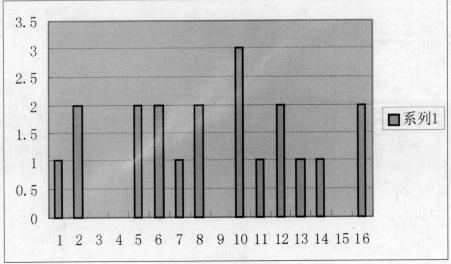

图 4–52

(5) 复制上面两份图表到原位置的下方，对新复制的图表加以编辑更改，如图4-53所示：为图表添加标题，改变数据系列的颜色，清除图例，改变蓝区分布图Y坐标轴的刻度。

(6) 复制上面两份图表到原位置的下方，对新复制的图表加以编辑更改，如图4-54所示，将图表类型改为数据点折线图，将红区分布图数据系列的线型改为深红色，数据标记改为红色。

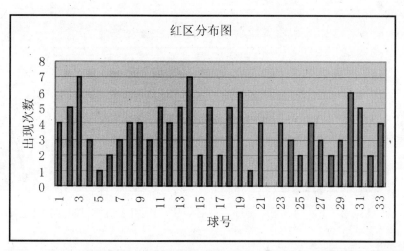

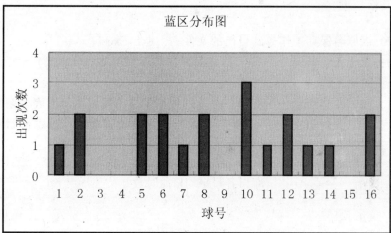

图 4-53

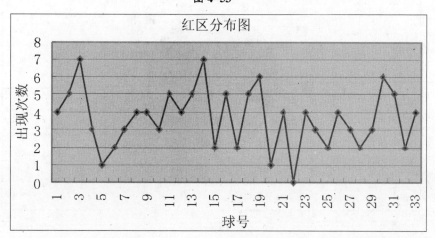

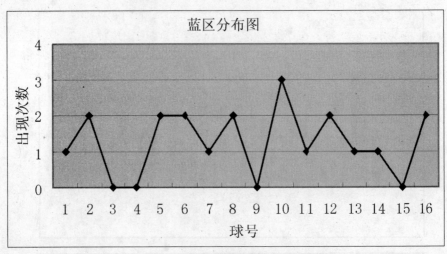

图 4—54

(7) 以原名保存工作簿到自己的文件夹，退出Excel。

任务二十五：打开工作簿 "累年各月平均日照时数 (分台站) .xls"，完成以下分析对比工作。

(1) 如图4—55所示，用海口12个月的数据创建内嵌饼图，图表标题为 "海口各月平均日照时数"，显示数据标志的百分比及类别名称，标志旁附图例项标志，不显示图例，图表放到数据表的下方。

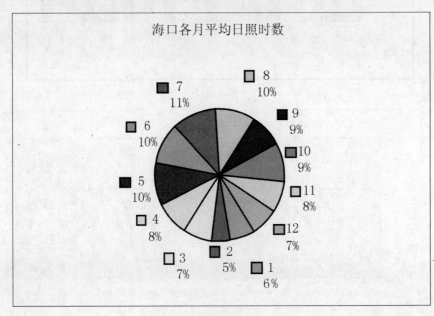

图 4—55

（2）如图4-56所示，用气象站名称和全年平均日照时数两列数据创建柱形圆柱图，系列产生在行，分类轴标志写"日照时数"，图表标题为"海南各地全年平均日照时数"，数值轴标题为"小时"，显示数据表，显示图例项标示，显示图例，图表标签为"全年比较"。

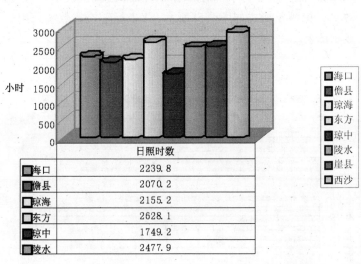

图 4-56

（3）如图4-57所示，用各气象站12个月的数据创建数据点折线图，系列产生在行，图表标题为"海南各地月平均日照时数"，分类轴标题为"月份"，数值轴标题为"平均日照时数（小时）"，显示图例，图表标签为"各月比较"。

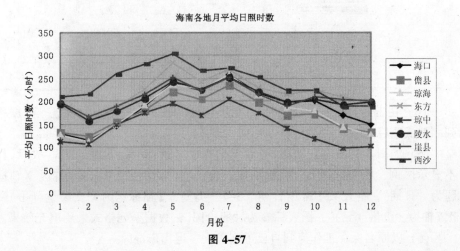

图 4-57

（4）以原名保存工作簿到自己的文件夹，退出Excel。

任务二十六：打开工作簿"新都酒店股价.xls"，完成以下图表分析工作。

（1）用函数完成各项数据平均值、最高值和最低值的计算，平均值保留两位小数。

（2）插入一张工作表sheet2,将sheet1的数据复制到sheet2。

（3）在sheet2用交易金额和日期数据创建内嵌簇状条形图，数据系列使用双色填充效果，标题及格式如图4-58所示，Y坐标轴格式数字采用日期"3-4"类型，不显示图例。

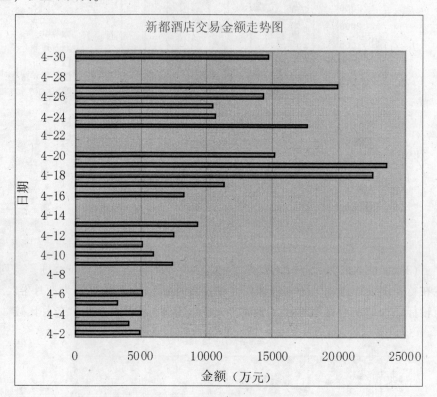

图 4-58

（4）在sheet2将"交易量（手）"数据移到"开盘"前面，"收盘"数据移到"最低"后面。

（5）如图4-59所示，用sheet2数据创建成交量-开盘-盘高-盘低-收盘图，不显示图例，图表标题为"新都酒店股价图"，梅红色22号宋体加粗，X轴标题为"日期"，格式数字采用日期"3-4"类型，Y轴标题为"交易量（手）"，次Y轴为"价格（元）"，图表标签为"股价图"，数据系列格式采用填充效果。

（6）以原名保存工作簿到自己的文件夹，退出Excel。

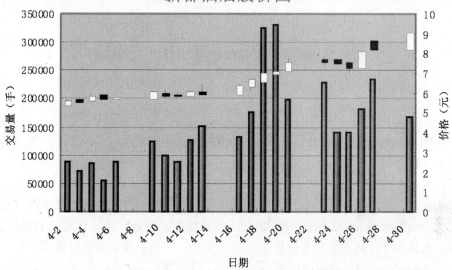

新都酒店股价图

图 4-59

第 5 章 PowerPoint 2003

PowerPoint是由微软公司推出的、在Windows环境下运行的一个功能强大的演示文稿制作工具软件。它包含多种模板和版式，我们可以根据自己的要求选择，以这些模板和版式为基础，简单容易地制作课件。利用PowerPoint制成的演示文稿可以通过不同的方式播放，可以在演示文稿中设置各种引人入胜的视觉、听觉效果。比如，在幻灯片中加入各种颜色、图形、声音、影片剪辑等。可以直接在计算机和大屏幕投影机上播放使用，或借助互联网进行展示。

PowerPoint 创建演示文稿的方法很多，可以在PowerPoint 提供的多种视图下建立和编辑包括文字、图片、图表、图形及声音、图像等多媒体对象的演示文稿，也可以对在Word等软件编辑的文档进行加工获得演示文稿，是目前开展多媒体教学、制作课堂教学课件的得力助手。

5.1   演示文稿入门

在本节中，我们将学习到如何通过向导创建演示文稿和演示文稿的一些基础操作。

5.1.1   PowerPoint 2003窗口简介

启动 PowerPoint2003 应用程序之后,我们就可以看到 PowerPoint2003 的工作窗口，如图5-1所示，它主要包括标题栏、菜单栏、工具栏、 任务窗格、工作区、备注区和视图区等几个部分。下面我们来一一介绍各部分的名称和功能。

①标题栏：左边有窗口控制图标、文件名与程序名称，右端有〔最小化〕、〔还原/最大化〕、〔关闭〕操作按钮。

②菜单栏：通过打开其中的每一条菜单，选择相应的命令项，可以完成PPT的所有编辑操作。其右侧也有〔最小化〕、 〔还原/最大化〕、〔关闭〕三个

按钮，不过它们是用来控制当前文件的。

③常用工具条和格式工具条：将菜单中最常用的操作按钮和设置PPT中各元素格式的常用操作按钮集中于此，方便使用和调用。

④任务窗格：将编辑PPT效果的一些功能，集中于此，可显示或隐藏。

⑤工作区：编辑PPT的工作区，PPT的图文效果，都在此显示。

⑥备注区：编辑PPT的"备注"文本，用于讲解的提示，可显示或隐藏。

⑦视图区：通过调整，可改变PPT的显示方式，便于查看。

⑧绘图工具栏：利用上面相应按钮，可在PPT中快速绘制出相应的图形。

⑨状态栏：在此处显示出当前文档相应的某些状态。

图 5–1

5.1.2　使用向导创建演示文稿

创建演示文稿可以根据自己设计的内容自行创建，也可以使用程序自带的内容进行创建，下面就以"制作贺卡"为例，用程序自带的内容来创建一个简单的演示文稿。

☞ 操作步骤

（1）接着上面打开的PowerPoint 2003窗口，单击菜单"文件"→"新建…"。

(2) 选择"根据内容提示向导",如图5-2所示。

图 5-2

(3) 弹出"内容提示向导"对话框,单击"下一步"。

(4) 演示文稿类型选择为"成功指南"中的"贺卡",点击"完成",即完成演示文稿的创建。

(5) 在创建出的7张贺卡中,选择"生日贺卡"幻灯片,将落款改为自己的名字,如图5-3所示。

(6) 单击工具栏上的 ![保存图标] 图标,以文件名"贺卡.ppt"保存该演示文稿。

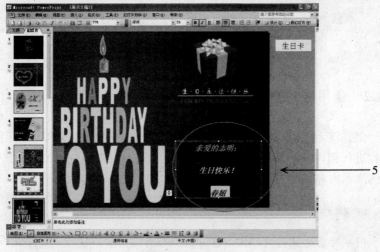

图 5-3

5.1.3 幻灯片视图模式

PowerPoint 2003提供了四种视图方式，它们各有不同的用途，用户可以在大纲区上方找到大纲视图和幻灯片视图，以及在其下方的普通视图、幻灯片浏览视图和幻灯片放映这三种视图，用户可以单击这些视图方式切换按钮进行切换，如图5–4所示。

现在我们用各种视图模式浏览幻灯片。

图 5–4

✿ 使用文件：中国最美的地方.ppt

☞ 操作步骤

（1）普通视图：单击窗口左下角视图切换按钮中的普通视图按钮，或从主菜单中执行"视图" | "普通"命令，即可激活普通视图。普通视图是PowerPoint 2003最常用也是默认的视图方式。它包含三个区域：大纲区、幻灯片显示区和备注区，如图5–5所示。

（2）大纲视图：单击"大纲视图"按钮 大纲 可切换到大纲视图方式下。大纲视图以纲要形式显示幻灯片。通过大纲视图，可以十分简便地编辑、修改幻灯片的标题文本，组织演示文稿。

（3）幻灯片浏览视图：在幻灯片浏览视图 方式下可以显示用户创建的演示文稿中所有幻灯片的缩图，或使用菜单"视图" | "幻灯片浏览"命令，如图5–6所示。它适用于对幻灯片进行组织和排序、添加切换功能或设置放映时间。

（4）幻灯片放映视图：单击"幻灯片放映"按钮 即可进入该视图方式，在这种视图中，可以观察某张幻灯片的版面设置和动画效果。当显示完最后一张幻灯片时，系统会自动退出该视图方式。如果想中止放映过程，可以在屏幕上单击鼠标右键，从弹出的快捷菜单中执行"结束放映"命令。也可以直接按"Esc"键。

以上是PowerPoint 2003中的四种视图方式。在制作文稿过程中，可根据需要在几种方式间切换。

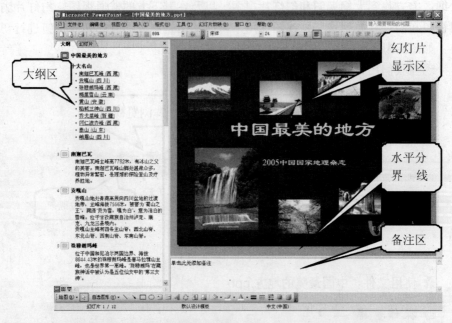

图 5-5

图 5-6

5.1.4　幻灯片的操作

演示文稿的基本单位是幻灯片，每一页就是一张幻灯片。根据需要，可以添加很多幻灯片。幻灯片的操作如文件或文件夹一样，都可以进行选择、添加、复制、移动和删除。

继续使用"中国最美的地方.ppt"文档，根据第2张幻灯片的目录，调整幻灯片的顺序。

☞ **操作步骤**

（1）以大纲视图为例，如图5-7所示。

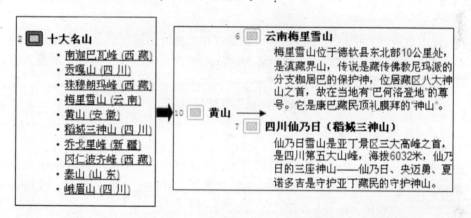

图 5-7

根据第2张幻灯片的目录，"黄山"应该在"梅里雪山"和"稻城三神山"之间。

（2）把光标移动到第10张幻灯片的图标位置，单击鼠标左键，让整个第10张处于选中状态，如图5-8所示。

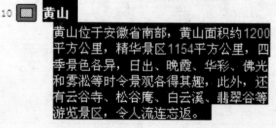

图 5-8

（3）再对着图标按下鼠标左键不放，直接把第10张幻灯片拖曳到第6张和第7张幻灯片之间再松开鼠标。这样，"黄山"就在"梅里雪山"和"稻城三神山"之间了。

（4）选中第一张幻灯片，观看幻灯片放映。只需点击菜单"幻灯片放映"｜"观看放映"即可，或者按快捷键"F5"。

（5）在最后添加一张新的幻灯片，输入文字"谢谢观赏！"，字体设置为"华文隶书"、"96"号字、"黄色"。

（6）最后用幻灯片放映方式观看完毕后，单击工具栏上的▉图标保存，再单击窗口右上角的▉图标关闭演示文稿。

5.1.5 幻灯片设计

使用设计模板可以方便快捷地修饰幻灯片，可以迅速建立具有专业水平的演示文稿。模板的内容很广，包括各种插入对象的默认格式、幻灯片的配色方案、与主题相关的文字内容等。

现在使用"中国最美丽的地方.ppt"继续修改。

☞ 操作步骤

（1）选择菜单"格式"｜"幻灯片设计"命令，或者在任务窗格中单击"幻灯片设计"选项。再在"可供使用"里选择"Mountain Top.POT"，使所有幻灯片应用该模板。如图5-9所示：

图 5-9

（2）然后选中第一张幻灯片，找到"天坛月色.Pot"模板，在模板旁边的下拉式箭头选择"应用于选定幻灯片"，使第一张幻灯片应用于该模板。如图5-10所示：

5.1.6　幻灯片版式

演示文稿中的每张幻灯片都是基于某种自动版式创建的。PowerPoint 2003提供的31种自动版

图 5-10

式，用户可以选择其中一种。每种版式预定义了新建幻灯片的各种占位符布局情况。现在我们修改一下以下PPT的板式吧。

❋ **使用文件：宋词简介.ppt**

☞ **操作步骤**

（1）打开"宋词简介.ppt"文档，选中第3张幻灯片。

（2）选择菜单"格式"｜"幻灯片板式"，在右侧打开"幻灯片板式"任务窗口，在"文字板式"里选择"标题和两栏文本"。

（3）将"婉约派"以下的字体移动到右边的文本框，并在标题处添加标题"宋词流派"。如图5-11所示。

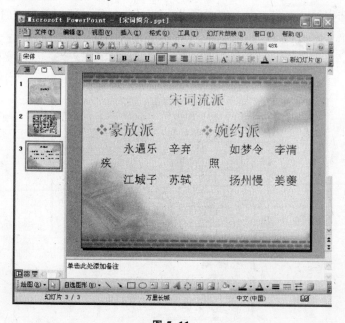

图 5-11

5.2 演示文稿的修饰

在制作PowerPoint演示文稿中，我们可以使用背景设置、配色方案、动画方案、自定义动画和幻灯片切换等功能，对演示文稿进行一系列的修饰，使演示文稿更加美观。

5.2.1 幻灯片背景设置

通过添加背景的方法，可以对幻灯片加以修饰。背景的类型有很多种，既可以用各种颜色搭配、不同形式的填充效果，也可以直接用图片来装点背景。不过在幻灯片或母版上应用时只能选择其中一种作为背景。

下面为演示文稿添加背景效果，设置幻灯片背景填充效果为渐变预设方案"红日西斜"，第1页应用不同的变形方式。

✿ 使用文件："羊城新八景.ppt"

☞ 操作步骤

(1) 打开演示文稿"羊城新八景.ppt"。

(2) 选中第一张幻灯片，选择菜单"格式"|"背景"，弹出"背景"对话框，在下拉菜单里选择"填充效果"，如图5-12所示。

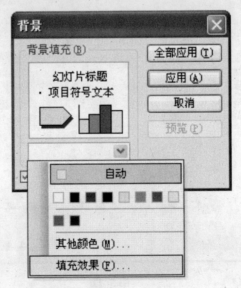

图 5-12

（3）在弹出的"填充效果"对话框里选择"渐变"｜"颜色"｜"预设"，在右边的"预设颜色"下拉菜单里选择"红日西斜"。如图5–13所示。

（4）按"确定"按钮后，弹出"背景"对话框，单击"全部应用"按钮。如图5–14所示。

（5）重复步骤2和3，在步骤3的"变形"里选择另一种变形方式，单击"确定"，在弹出的"背景"对话框中点击"应用"按钮。如图5–14所示。

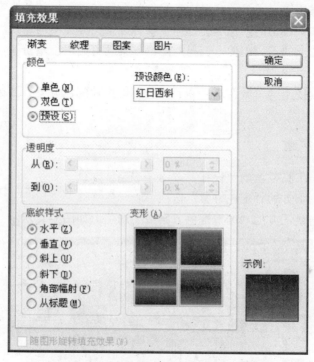

图 5–13

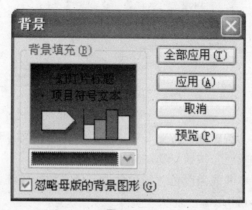

图 5–14

5.2.2　幻灯片设计配色方案

　　配色方案是一组可用于演示文稿中各类对象或组件的预设的颜色组合。PowerPoint 2003 提供了通过设置母版改变演示文稿的配色方案和背景，以及对个别幻灯片进行单独配色这样两个功能。

　　配色方案用于定义演示文稿中各组件将采用的颜色，例如文本、背景、填充以及强调文字所用的颜色等。选择了某种方案，方案中的每种颜色就会自动应用于幻灯片上的不同组件。选择的配色方案既可应用于整份演示文稿或个别幻灯片。

　　现在继续使用"羊城新八景.ppt"，应用幻灯片配色方案，使标题和文本突出显示。

　　☞ **操作步骤**

　　（1）单击工具栏上的"设计"按钮 设计(S)。

　　（2）单击下方的"配色方案"选项。

　　（3）单击最下方的"编辑配色方案…"选项。如图5-15所示。

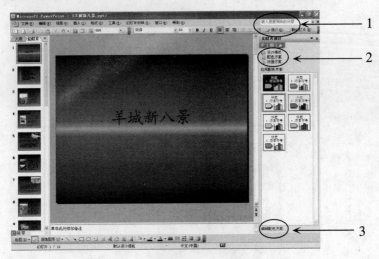

图 5-15

　　（4）在弹出的"编辑配色方案"对话框里，单击"文本和线条"前的颜色框，再单击"更改颜色"按钮。如图5-16所示。

　　（5）弹出"文本和线条颜色"的颜色里选择一种比较醒目的颜色，这里我们选黄色。如图5-17所示。

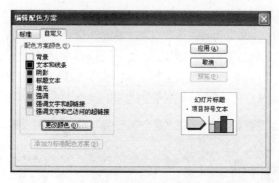

图 5-16

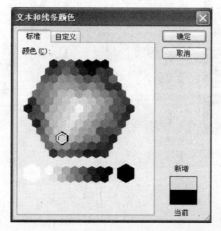

图 5-17

（6）单击"确定"按钮后，回到"编辑配色方案"对话框里，单击"标题文本"前的颜色框，单击"更改颜色"按钮，再重复第5步的步骤。最后单击"确定"，单击"编辑配色方案"对话框"应用"按钮完成设置。

（7）这时可以发现，整个演示文稿的标题和文本的颜色都变成了黄色。

5.2.3 幻灯片设计动画方案

PowerPoint 2003提供了大量的预设动画，如擦除、飞入、向内溶解等效果。使用这些预设动画可以制作出形式多样、风格各异的动感幻灯片。继续使用"羊城新八景.ppt"，为每一个幻灯片设置不同的动画方案：

☞ **操作步骤**

（1）首先选定第一张幻灯片。

（2）打开"幻灯片设计"任务窗格，选择"动画方案"，如图5-18所示，或者执行"幻灯片放映"菜单中的"动画方案"命令。

（3）在应用于所选幻灯片的列表效果中，选择合适的效果，即完成了动画效果的设置。

（4）为后面的幻灯片设置不同的动画方案。

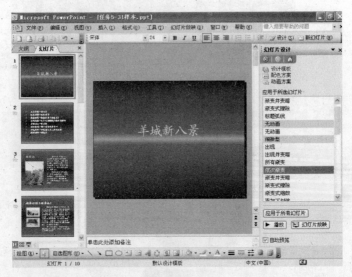

图 5-18

5.2.4　自定义动画

使用"幻灯片放映"菜单上的"自定义动画"命令，可以自己设计所需的动画效果，用于动态显示幻灯片中的对象。

继续使用"羊城新八景.ppt"，设置第1页幻灯片中的图片"自定义动画"效果为进入方式"百叶窗"，顺序排在标题后面，其他幻灯片中的图片自行设置不同的"自定义动画"效果，设置合适的出现顺序。

☞ 操作步骤

（1）选择第3张幻灯片，用鼠标单击图片，使图片处于选中状态。

（2）打开"自定义动画"任务窗格，或者单击"幻灯片放映"菜单，选择"自定义动画"命令。

（3）在"添加效果"的下拉列表中选择"进入"|"百叶窗"。

（4）将"自动预览"选项选中，即可看到动画效果。

（5）用鼠标将新添加的动作拖曳到标题动作的后面，如图5-19、图5-20所示。

图 5-19

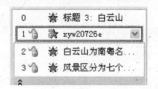

图 5-20

（6）其他幻灯片中的图片自行设置不同的"自定义动画"效果，设置合适的出现顺序。

（7）放映演示文稿，观察效果。

5.2.5　幻灯片切换

幻灯片的切换效果是指在幻灯片放映时切换幻灯片的特殊效果。设置时可以为一组幻灯片设置一种切换效果，也可以为每一张幻灯片设置不同的切换效果。

继续使用"羊城新八景.ppt"，设置第1张幻灯片切换方式为"盒状展开"，其他幻灯片切换方式自行选择设置。

☞ 操作步骤

（1）在幻灯片视图或幻灯片浏览视图中，选择第1张幻灯片。

（2）单击"视图"菜单下的"任务窗格"，选择"幻灯片切换"，或者执行"幻灯片放映"菜单中的"幻灯片切换"命令打开。

（3）在"应用于所选幻灯片"列表中选择需要的切换效果，并在"速度"下拉列表中选择其中合适的播放速度。

（4）在"换片方式"区中，如选中"单击鼠标时"复选框，则用鼠标单击幻灯片切换到下一张幻灯片；如选中"每隔"复选框，则幻灯片按设定的时间自动切换到下一张；当两个复选框都选中时，如选择的时间到了，则自动切换到下一张，如选择的时间未到而用鼠标单击了幻灯片，也将切换到下一张。

（5）在"声音"列表框选择所需的声音。

（6）如需在所有幻灯片中都使用此切换效果，选择"应用于所有幻灯片"按钮，完成设置。

5.3　使用多媒体元素

5.3.1　幻灯片中图片的插入

在PowerPoint的幻灯片中插入图片的方式有多种，可以自行绘制图形，插入剪贴画，插入图片文件，从剪贴板中粘贴图片，还可以直接从扫描仪读取扫描的文件等。现在我们以插入图片文件为例，将磁盘里的图片插入到幻灯片中。

☞ 操作步骤

（1）启动PowerPoint 2003应用程序，将第一页幻灯片设置版式为"标题幻灯片"，输入标题和副标题。

（2）选择菜单"插入"｜"图片"｜"来自文件"命令，系统弹出"插入图片"对话框。

（3）在弹出的"插入图片"对话框中找到相应的路径，选择"computer. jpg"图片文件。

（4）单击"插入"按钮将图片插入到选定幻灯片中。插入后还可以对图片进行移动、剪切、拷贝、调整大小等操作。如图5-21所示。

（5）保存文档名为："公司简介.ppt"。

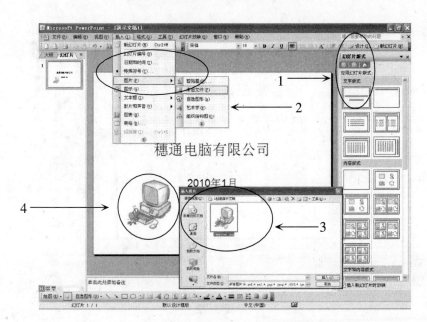

图 5-21

5.3.2 幻灯片中组织结构图的插入

在PowerPoint中还可以插入组织结构图来表现各种关系。组织结构图由一系列图框和连线组成，用来描述一种结构关系或层次关系。

继续使用上面的"公司简介.ppt"，使用"绘图"工具栏上的图示工具创建一个组织结构图来说明层次关系。

☞ **操作步骤**

（1）单击工具栏上的"新幻灯片"按钮，添加第二页幻灯片。

（2）设置版式为"标题与文本"，内容如图5-22所示。

（3）新建第三页幻灯片，设置版式为"标题和图示或组织结构图"。

（4）添加幻灯片标题"公司组织结构"后，双击幻灯片中的"双击添加图示或组织结构图"字样，弹出"图示库"对话框，选择第一行第一个，单击"确定"按钮，如图5-23所示。

（5）在当前的幻灯片窗格中显示一个默认结构的组织结构图，同时显示出组织结构图工具栏。如图5-24所示。

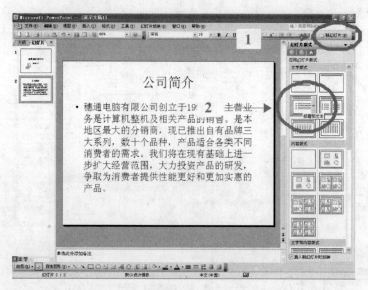

图 5-22

图 5-23

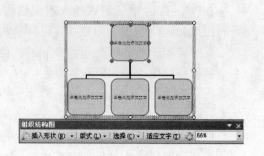

图 5-24

（6）通过"组织结构图"工具栏的"插入形状" 插入形状(N) ▾ 和"版式" 版式(L) ▾ 两个下拉式按钮分别插入相应的形状和设置相应的版式；在"自动套用格式"按钮 里面选择"三维颜色"，单击"确定"完成设置。最后在相应的组织结构图中输入相应的内容，如图5-25所示。

（7）保存"公司简介.ppt"演示文稿。

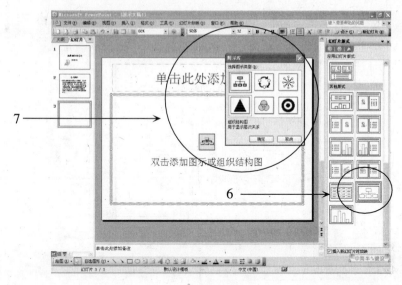

图 5-25

5.3.3 幻灯片中插入图表

在用PowerPoint 2003制作演示文稿过程中，可以通过Microsoft Graph 等应用程序产生丰富的图表。实际上，Microsoft Graph是一个嵌入式的应用程序，通过图表对象与Microsoft Graph建立链接。当进入Graph 后，即可进行数据和图表的创建、设计和编辑。当创建完成并返回演示文稿时，该图表就成为幻灯片中的一个嵌入对象。

继续使用上面的"公司简介.ppt"，根据如下公司销售数据，插入一图表。

年份	2001	2002	2003	2004	2005	2006
销售额（亿元）	1.32	3.65	5.02	8.69	9.78	11.09

☞ 操作步骤

（1）单击"常用"工具栏中的"新幻灯片"按钮 ，在弹出的"幻灯片版式"窗格中选择"标题和图表"版式。

（2）添加幻灯片标题"公司销售额总览"。

（3）双击"双击此处添加图表"字样，在弹出的"数据表"框中输入所需的数据取代示例数据。这时，幻灯片上的图表会随输入的数据不同而发生相应的变化。

（4）单击图表之外的任意位置，完成图表的创建，效果如图5-26所示。

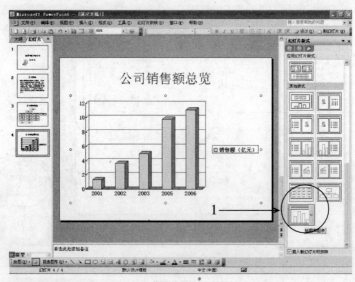

图 5-26

5.3.4 幻灯片中插入声音

在幻灯片中可以根据需要加入多种不同类型的声音效果，比如为了烘托演示文稿的主题而添加的背景音乐，为幻灯片配的解说词等等。给幻灯片添加声音，就像我们前面学过的在幻灯片中插入图片一样，制作起来非常简单，而产生的效果却明显优于没加声效的默片，对提高学习效率会很有帮助。

继续使用"公司简介.ppt"，插入声音文件"music.mp3"为例：

☞ **操作步骤**

（1）选择要第一张幻灯片。

（2）选择菜单"插入" | "影片和声音" | "文件中的声音"命令。

（3）在弹出的 "插入声音"对话框中选择要素材文件"music.mp3"，单击"确定"按钮。

（4）单击按钮后，弹出"插入声音媒体"提示框。在"插入声音媒体"提示框中，如果是在幻灯片放映时自动播放媒体剪辑，按"自动"按钮，如果是在单击鼠标时播放媒体剪辑，则按"在单击时"按钮。这样，就完成了多媒体幻灯片的设置。这里选择"自动"按钮。

这时，一个扬声器图标出现在幻灯片上，表示这个声音对象已经被添加到幻灯片中。

如果要设置幻灯片中声音的播放，单击鼠标右键，在快捷菜单中选择"编辑声音对象"菜单命令,在弹出的对话框中进行设置。

(5) 使幻灯片添加 "Blends.pot" 模板。

(6) 放映演示文稿,观察效果。

(7) 以文件名 "公司简介.ppt" 保存该演示文稿。

5.4　超级链接和动作按钮

利用 Power Point 的越级链接和动作按钮功能能实现作品播放的交互性,使得幻灯片放映时可跳转。

5.4.1　超级链接

超级链接可以是幻灯片中的文字或图形,也可以是万维网中的网页。超级链接和动作设置使幻灯片的放映更具交互性成为可能。

使用 "中国名茶.ppt",在第 2 张幻灯片中对 "绿茶、红茶、乌龙茶、白茶、黄茶、黑茶、再加工茶" 添加超级链接,链接到相应的幻灯片。

☞ 操作步骤

(1) 以 "山峦.jpg" 作为背景添加到所有幻灯片。

(2) 选中第 2 张幻灯片,再选中 "绿茶" 文本,在文本上单击鼠标右键,弹出快捷菜单,选择 "超链接" 命令。

(3) 在弹出 "插入超链接" 对话框中点击 "书签" 按钮。

(4) 在弹出的 "在文档中选择位置" 中选择 "3.绿茶"。

(5) 单击 "确定" 按钮完成设置。如图 5-27 所示。

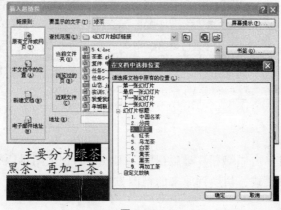

图 5-27

此时，建立了链接的文本或对象的下方会出现一条下划线。

5.4.2 应用幻灯片母版

可以把母版看成是含有特定格式的一类幻灯片的模版。与普通的幻灯片一样，它也是由各种占位符组成的，通过对这些占位符设置不同的属性，就可以统一调整该类幻灯片内相应对象的特征属性。例如，改变标题母版中标题的字体、字形及字号等属性，并将设计好的母版应用到演示文稿中，就可以很方便地为整个文稿的所有标题设定统一的风格了。

下面继续使用"中国名茶.ppt"，进入幻灯片母版视图模式，在第2到第9张幻灯片中也插入图片"茶壶.gif"。

☞ 操作步骤

（1）选择菜单"视图"｜"母版"｜"幻灯片母版"，进入幻灯片母版视图模式。

（2）在左边选择第1张幻灯片母版中，插入图片"茶壶.gif"，并调整其大小，放在幻灯片母版的右下角位置。如图5-28所示。

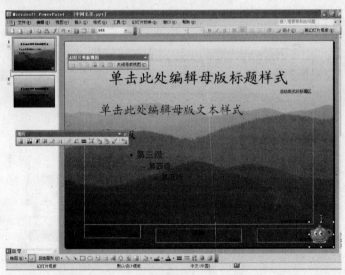

图 5-28

（3）完成后单击"幻灯片母版视图"工具栏的"关闭母版视图"按钮退出幻灯片母版视图模式，切换到原来的视图方式。

如需使个别幻灯片的外观与母版有所区别，只需单独对该张幻灯片进行修改，而其他的幻灯片在样式上仍将与母版保持一致的风格。

5.4.3 动作按钮与动作设置

超级链接的对象很多，包括文本、自选图形、表格、图表和图画等，此外，还可以利用动作按钮来创建超级链接。PowerPoint 带有一些制作好的动作按钮，可以将动作按钮插入到演示文稿并为之定义超级链接。

继续使用"中国名茶.ppt"，对幻灯片作以下操作：

在第2张幻灯片中插入动作按钮"结束"，进行动作设置，超级链接到"结束放映"。

对第2到第9张幻灯片添加4个动作按钮，注意按钮大小一致、摆放整齐。对按钮进行动作设置，分别超级链接到"第2张幻灯片"、"上一张幻灯片"、"下一张幻灯片"和"结束放映"。最后使这4个动作按钮不出现在第2张幻灯片中。

☞ **操作步骤**

（1）选择第2张幻灯片，选择菜单"幻灯片放映"|"动作按钮"|"动作按钮：结束"，如图5-29所示。

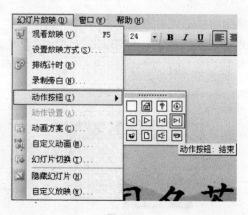

图 5-29

（2）此时鼠标指针变成"+"状态，把鼠标移到幻灯片左下角，按着"Shift"键的同时单击鼠标左键并拖动鼠标，画出一个大小适当的规则的正方形按钮。

（3）松开鼠标左键时，弹出"动作设置"对话框，确定"超链接到"的下拉式菜单命令正确无误后，单击"确定"按钮。如图5-30所示。

图 5-30

（4）重复步骤1-3，做好四个按钮后，按着ctrl键分别选中四个按钮，单击鼠标右键弹出快捷菜单，选择"设置自选图形格式"命令。

（5）在弹出的"设置自选图形格式"对话框里选择"尺寸"页，设置"尺寸和旋转"的"高度"和"宽度"都为"1"，就能统一按钮大小了，最后用鼠标或键盘方向键移动按钮到右下角并对齐。

（6）退出幻灯片母版视图模式，在第2张幻灯片的背景设置中钩选"忽略母版的背景图形"并加以应用，使母版中的4个动作按钮不出现在第2张幻灯片。如图5-31所示。

图 5-31

5.5 演示文稿的放映

5.5.1 幻灯片中插入旁白

旁白就是在放映幻灯片时，用声音讲解该幻灯片的主题内容，使演示文稿的内容更容易让观众明白理解。要在演示文稿中插入旁白，需要先录制旁白。录制旁白时，可以浏览演示文稿并将旁白录制到每张幻灯片上。

使用"日本旅游景点介绍.ppt"幻灯片文档，对里面的内容进行旁白录制。

☞ 操作步骤

(1) 打开"日本旅游景点介绍.ppt"。

(2) 选择菜单"幻灯片放映"→"录制旁白"，弹出"录制旁白"对话框。

(3) 单击"设置话筒级别"按钮调整话筒的音量，单击"改变质量"按钮选择录声质量。

(4) 单击"确定"按钮开始录制旁白，如果当前打开的幻灯片不是演示文稿的第一张幻灯片，PowerPoint询问从当前幻灯片还是从第一张幻灯片上开始录制。

(5) 单击"第一张"按钮。此时演示文稿开始放映，并且用户通过话筒读入一些旁白。

(6) 当第一张幻灯片录制完毕后，单击鼠标切换到下一张幻灯片上，并且继续录制旁白。

(7) 最后，当幻灯片演示完毕之后，将出现一个对话框，询问是否将这次的时间保存起来。

(8) 无论选择"是"或"否"，旁白都已经记录到了幻灯片上，此时，在演示文稿中的每个幻灯片上都有一个"声音"图标，并在放映时自动播放录制的声音。

5.5.2 放映过程控制的快捷菜单

在幻灯片放映视图中单击鼠标右键，可弹出控制放映过程的快捷菜单，演讲者利用这些命令可以轻松控制幻灯片的放映过程。

　　继续使用"日本旅游景点介绍.ppt"，用荧光笔标记第二页幻灯片目录上的"阿苏火山"和"长崎原爆馆"两项，并保留墨迹。

　　☞ **操作步骤**

　　(1) 选中第二页幻灯片。

　　(2) 单击"从当前幻灯片开始放映幻灯片" 按钮或者按组合键"shift+F5"开始放映第二页幻灯片。

　　(3) 当幻灯片播放完目录"长崎原爆馆"后，单击鼠标右键，在弹出的快捷菜单选择"指针选项"|"荧光笔"。如图5-32所示。

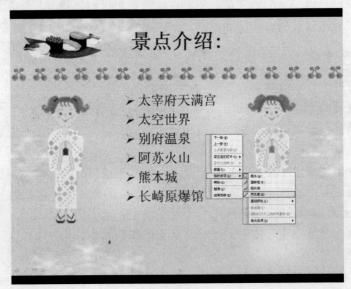

图 5-32

　　(4) 当鼠标形状变成荧光色的长方形时，分别在"阿苏火山"和"长崎原爆馆"两项上进行拖曳，拖出一个荧光色的矩形。如图5-33所示。

　　(5) 再单击鼠标右键，在弹出的快捷菜单中选择"定位至幻灯片"|"7 阿苏火山 (草千里)"；用荧光笔加亮标题。

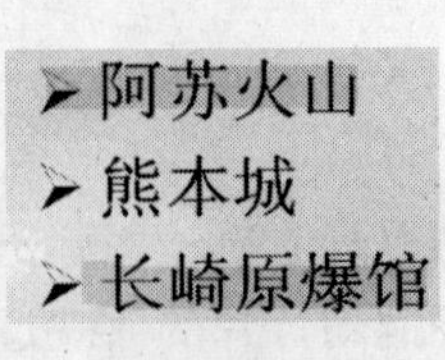

➤阿苏火山
➤ 熊本城
➤ 长崎原爆馆

图 5-33

（6）用步骤5同样的方法，加亮"9长崎原爆馆"的标题。

（7）单击鼠标右键，在弹出的快捷菜单中选择"结束放映"。

（8）在弹出的"是否保留墨迹注释"对话框中选择"保留"按钮。

5.5.3 自定义放映

PowerPoint 2003提供的自定义放映功能，允许将同一个演示文稿针对不同的观众编排成多种不同的演示方案，而不必再花费精力另外制作演示文稿。例如，将"如何学好PowerPoint 2003"做成一个演示文稿对学员进行培训，由于PowerPoint的功能非常强大，包含的内容非常多，而来学习的人可能只需掌握其中一部分内容，如果把文稿中学员不感兴趣的内容也播放出来显然是多余的。可以针对这部分学员的要求，将演示文稿中的部分内容定义成一种放映方案进行播放，而不用再专门创建新的演示文稿。

☞ **操作步骤**

（1）单击"幻灯片放映"菜单中"自定义放映"，打开"自定义放映"对话框。

（2）单击"新建"按钮，弹出"定义自定义放映"对话框，如图5-34所示。

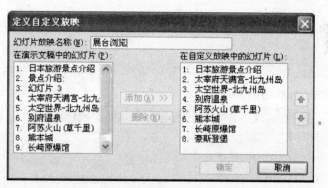

图 5-34

（3）在"在演示文稿中的幻灯片"框中选取第1、4、5、6、7、8、9、10张幻灯片添加到自定义放映的幻灯片，然后单击"添加"按钮。

（4）如需改变某张幻灯片的显示次序，在定义好的幻灯片中选定该幻灯片，然后使用右侧的箭头键，即可将幻灯片在列表内上下移动。

（5）在"幻灯片放映名称"框中输入"展台浏览"。

（6）单击"确定"按钮回到"自定义放映"对话框，单击"关闭"按钮，完成定义。

播放自定义的幻灯片时，只要打开"自定义放映"对话框，选中定义好的方案名称，然后按"放映"按钮就可以了。

如果要删除自定义的方案，使用"自定义放映"对话框中的"删除"按钮就可以将指定的自定义放映从列表中去掉，但它所包含的幻灯片仍保留在原演示文稿中。

5.5.4 设置放映方式

启动幻灯片放映的方法有多种，在"幻灯片放映"菜单中的"设置放映方式"对话框中提供了三种播放演示文稿的方式：

演讲者放映：此选项可将演示文稿全屏显示，这是最常用的方式，通常用于演讲者播放演示文稿。在这种方式下，演讲者对演示文稿的播放具有完整的控制权。

观众自行浏览：选择这种方式播放演示文稿，幻灯片会出现在计算机屏幕窗口内，并提供命令在放映时移动、编辑、复制和打印幻灯片。

展台浏览：是指自动运行演示文稿。

现在设置"日本旅游景点介绍.ppt"幻灯片文档的设置放映方式。

☞ 操作步骤

(1) 单击"幻灯片放映"菜单中"设置放映方式"，打开"设置放映方式"对话框。

(2) 设置"放映类型"为"在展台浏览（全屏幕）"；"放映幻灯片"选择"自定义放映"。如图5-35所示。

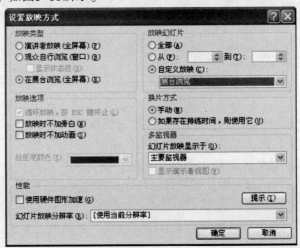

图 5-35

（3）单击"确定"按钮完成设置。

5.6　综合练习

任务一　参考光盘"card.pps"文件，利用光盘内的文件夹"资料贺卡"中的素材或者上网搜集资料，创建幻灯片放映文件"节日贺卡.pps"。要求：图文并茂、不需点击鼠标可以自动播放、动画效果精美、声音效果恰当。

任务二　参考光盘"燕通公司简介.pps"，利用光盘内的文件夹"资料简介"中的素材或者上网搜集资料，创建幻灯片放映文件"公司简介.pps"。要求：有组织结构图和图表、有超级链接和动作按钮、有统一的公司标志、外观简洁大方、动画效果恰当、播放流畅。

任务三　利用光盘内的文件夹"资料奇迹"中的素材，制作一份幻灯片放映文件，要求主题明确、层次清晰、结构完整、图文并茂、外观整齐美观、动画效果精美、超级链接正确、动作按钮恰当、放映流畅，完成后以文件名"新七大奇迹.pps"保存到自己的文件夹。

第 6 章　Outlook 2003

Outlook 2003是Office 2003的一个组件，它不只是一个收发电子邮件的软件，而是已经和Office 2003的其他组件紧密地结合在一起，构成了一个统一的整体。在Outlook 2003里几乎就可以处理所有的日常事务，所以我们也把Outlook 2003称为桌面信息管理器。

过去的传统方法是使用纸张来管理工作数据。例如，商务人士常在行动计划本中记录约会和会议，用卡片目录记录电话号码和地址，在便签贴纸上记录简要的提醒信息，等等。

Outlook 2003提供一个更好的工具来储存、跟踪和整合商业及个人信息。通过Outlook 2003，我们能够在个人电脑上的同一个位置储存和访问重要信息。例如，能够使用Outlook 2003的电子日历记录会议和约会的日期和时间。Outlook 2003甚至能够发出提醒声音，或者在你的计算机屏幕上提醒你。可以在Outlook 2003的便签上的记录简要的提醒信息，就像使用即时贴一样。为了方便查看这些便签，还可以随时将其显示在屏幕上。你可以使用Outlook 2003来记录每天或每周的任务，当完成它们的时候就将其标注为已经完成。Outlook 2003具有一个通讯簿，可以在上面记录电话号码、住址、电子邮件及其他有关商业和个人联系人的信息。甚至可以用Outlook 2003直接访问网站。利用Outlook 2003，用户可以妥善处理每天遇到的大量信息，管理各种日常工作，将生活和工作安排得有条不紊。

6.1　设置账户

当初次打开Outlook 2003时，将被要求配置Internet邮件账户。如果早先版本的Outlook或其他Internet邮件客户端（如Outlook express）已经配置好了Internet邮件账户，该信息将在安装过程中自动导入到Outlook 2003中，如果没有原先的配置，Internet连接向导将帮助用户创建一个Internet邮件账户，账户创建好后，也可以修改或删除。

6.1.1　创建新账户

Outlook 2003可以为每个邮箱建立一个账户，当添加新的邮件账户时，Outlook 2003要求提供用户的名字、邮件账户地址以及POP3或IMAP服务器和SMTP服务器的名称，这些信息取决于你申请的电子邮箱，需要从ISP或网络管理员处获得。

☞ 操作步骤

（1）启动Outlook 2003，打开Outlook 2003窗口界面，如图6-1所示。

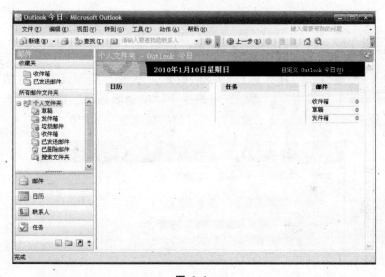

图 6-1

（2）单击"工具"|"电子邮件账户"命令，打开"电子邮件账户"对话框。

（3）在"电子邮件"区域选择"添加新电子邮件账户"单选框，单击"下一步"按钮，进入选择"服务器类型"对话框。

（4）在对话框中，选择电子邮件服务器的类型，如QQ、163等邮箱选择"POP3"，单击"下一步"按钮，进入"电子邮件账户-Internet电子邮件设置"对话框。

（5）在对话框中输入必要的账户信息和服务器的信息，在此可选择输入自己的QQ邮箱信息，如图6-2所示。

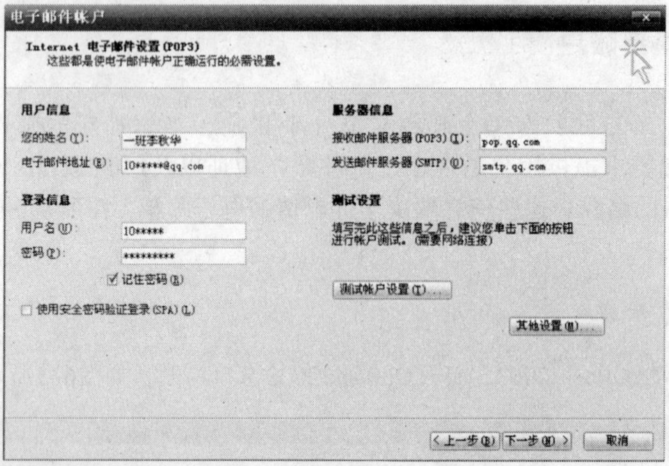

图 6-2

（6）QQ邮箱账户还要做进一步的设置。单击"其他设置"按钮，进入"Internet电子邮件设置"对话框，单击选中"发送服务器"选项卡，勾选"我的发送服务器（SMTP）要求验证"项目前的复选框，如图6-3所示。

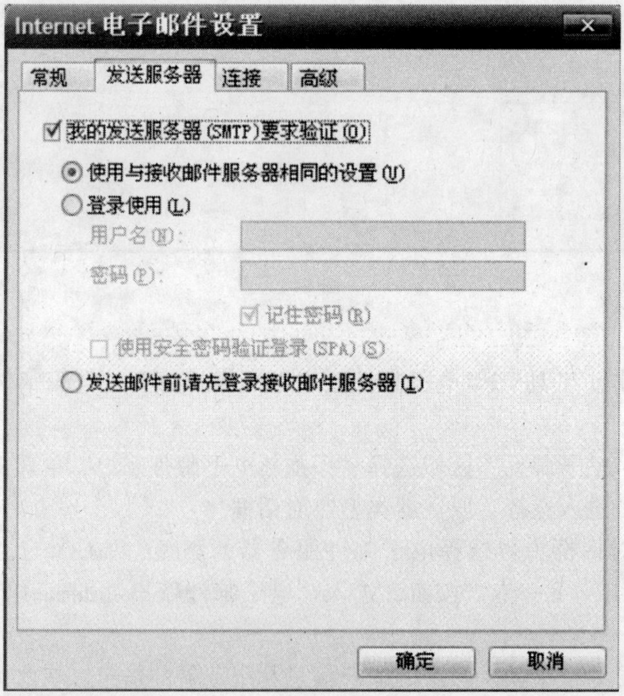

图 6-3

（7）单击选中"高级"选项卡，如果勾选"传递"区域的"在服务器上保留邮件的副本"项目前的复选框，可以将邮件保留在邮件服务器，否则邮件收取到本地计算机后，服务器上的邮件就会被删除。如果是设置POP3和SMTP的SSL加密方式，则端口要求为：POP3服务器（端口995），SMTP服务器（端口465或587）。

（8）为了能够保证设置的正确性，用户可以单击"测试账户设置"按钮进行账户的测试。如果在执行某一任务时出现错误，系统将给出提示，用户可以根据提示重新进行设置。如果没有问题，可以看到如图6-4所示的对话框。

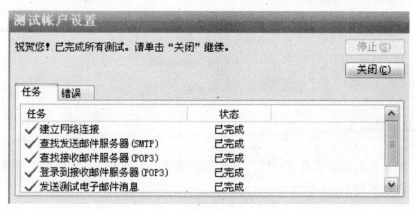

图 6-4

（9）单击"测试账户设置"对话框上的"关闭"按钮，回到"电子邮件账户-Internet电子邮件设置"对话框，单击"下一步"按钮进入"祝贺你"对话框，单击"完成"按钮，账户创建成功，可以开始收发电子邮件。

提示1：如果使用Outlook 2003收发管理其他邮箱的邮件，上面5、6、7步的具体设置需要从ISP或网络管理员处获得。

提示2：使用Outlook 2003收发管理QQ邮箱的邮件，还需要对QQ邮箱进行如下设置。

☞ 操作步骤

（1）登录进入QQ邮箱首页。

（2）在窗口上部单击"设置"，进入邮箱设置界面，单击"账户"，进入"账户"选项卡。

（3）在"POP3/IMAP/SMTP服务"区域下进行如图6-5所示设置。

（4）单击窗口下部的"保存更改"按钮，窗口上部出现提示"保存成功"。

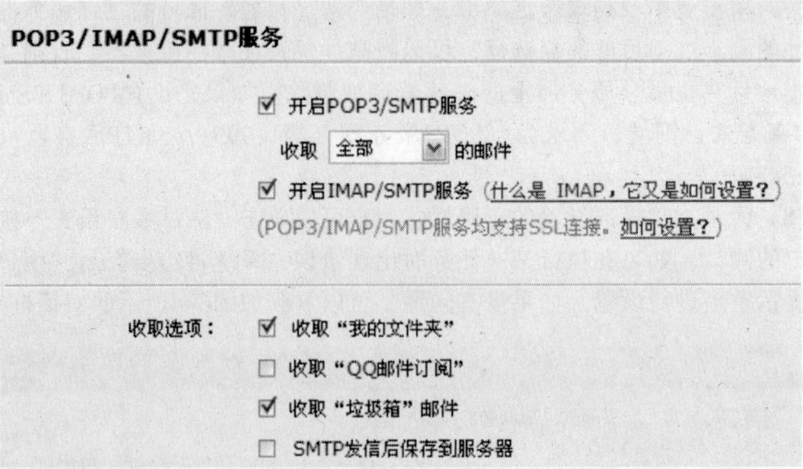

POP3/IMAP/SMTP服务

☑ 开启POP3/SMTP服务

　　收取 [全部 ▼] 的邮件

☑ 开启IMAP/SMTP服务（什么是 IMAP，它又是如何设置？）

（POP3/IMAP/SMTP服务均支持SSL连接。如何设置？）

收取选项：　☑ 收取"我的文件夹"

　　　　　　☐ 收取"QQ邮件订阅"

　　　　　　☑ 收取"垃圾箱"邮件

　　　　　　☐ SMTP发信后保存到服务器

图 6-5

6.1.2　修改账户

如果你的账户设置有问题，或者你想修改一些个人信息，你可以对原来的账户进行修改。

☞ 操作步骤

（1）单击"工具"|"电子邮件账户"命令，打开"电子邮件账户"对话框，选择"查看或更改现有电子邮件账户"单选按钮，单击"下一步"按钮。

（2）在电子邮件账户名称列表中选定要修改的账户，单击"更改"按钮。

（3）在打开的"电子邮件设置"对话框中对个人信息和邮件服务器信息进行修改，完毕单击"下一步"按钮，再单击"完成"按钮，账户更改完毕。

6.1.3　删除账户

在上面修改账户的步骤中，在第二步选定账户后单击"删除"按钮，可以将选中的账户删除。

6.2　利用Outlook 2003收发邮件

在Outlook 2003中，最常使用的应该就是创建、发送、接收和阅读电子邮件。本节将学习如何编辑邮件和发送邮件，如何检查和阅读邮件，如何回复及转发收到的邮件，以及如何撤回邮件，等等。下面的练习中，我们可以将邮件发送给老师和班级同学，也可以发给自己。

6.2.1　编辑和发送邮件

下面我们创建一封新邮件，添加附件，编辑邮件格式来美化自己的邮件，然后发送给班级同学。

6.2.1.1　创建新邮件

☞ 操作步骤

（1）单击"文件"|"新建"|"邮件"命令，或者在"收件箱"中直接单击"常用"工具栏上的"新建"按钮，系统会打开一个标题为"未命名的邮件"的新邮件编辑窗口。

（2）在"收件人"文本框中直接键入收件人的电子邮件地址，如果有多个收件人，你可以键入多个收件人的电子邮件地址，中间用分号分隔开。如果收件人在通讯簿中，还可以在"收件人"文本框中键入收件人姓名，Outlook 2003会将键入的姓名与通讯簿中的条目进行匹配，并按标准的电子邮件地址格式接收条目。

（3）如果该邮件需要抄送给另外一个人，在"抄送"文本框中输入抄送人的电子邮件地址。抄送的功能是可选的，可以不发送任何副本。但是，当需要给其他人发送副本时他就非常有用。要发送副本，只需要在抄送人栏中输入电子邮件地址即可。要发送给多个抄送人，只要在每个人的邮件地址后面输入分号。

（4）在主题文本框中输入该邮件的主题。邮件的主题一般是邮件内容的概述。当邮件到达收件箱时所有的收件人都将看到邮件头。邮件头包括发件人的名字、邮件的主题、发送的日期及时间。该信息使收件人能够在打开邮件前快速了解邮件。

（5）在邮件文本编辑区中输入具体的信件内容，如图6-6所示。

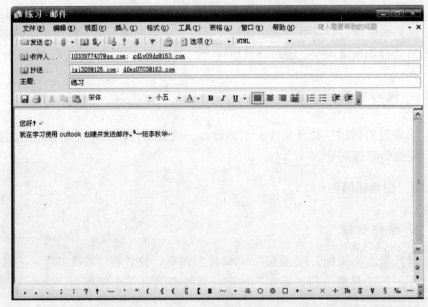

图 6-6

6.2.1.2 在邮件中插入附件

除了可以在邮件中撰写邮件内容外，你还可以将计算机中的文件作为附件插入到编辑的邮件中，随邮件一起发送。附件的文件格式不受限制，所有无法在正文中呈现的其他类型的数据都可以通过附件的形式附加到邮件中。

☞ 操作步骤

(1) 将鼠标定位在新邮件的正文编辑区。

(2) 单击"插入"｜"文件"命令，或单击"插入文件"按钮，打开"插入文件"对话框。

(3) 在"插入邮件"对话框中选择一个要插入的文件，单击"插入"按钮，选中的文件就作为附件插入到新邮件中了。

6.2.1.3 编辑邮件格式

一封美观的邮件会给收件人留下良好的印象。Outlook 2003工具栏上的格式按钮与Word中的类似，可以应用格式来创建希望呈现的图像、渲染产品的名称，突出重点项目，等等，如图6-7所示。

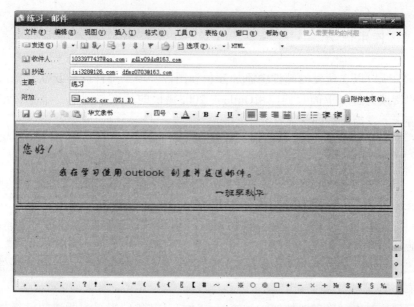

图 6-7

6.2.1.4　发送邮件

发送邮件的方法十分简单，用户只需要在邮件编辑窗口中单击"发送"按钮就可以执行发送邮件的操作了。发送邮件后，可以在Outlook 2003左侧的导航栏中单击"邮件"项目下的"已发送邮件"，可以查看到已发送邮件的情况，如图6-8所示。

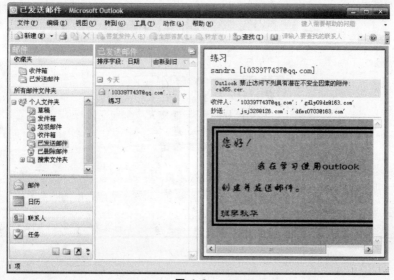

图 6-8

6.2.2 使用信纸

信纸可以在所发的邮件中添加颜色和图像，增添邮件的趣味性，提高收件人的阅读兴趣。下面我们应用Outlook 2003提供的信纸来制作一个生日派对的邀请函，发给班级同学。

☞ **操作步骤**

（1）在Outlook 2003左侧的导航栏中单击"邮件"按钮，切换到"邮件"选项。

（2）单击"动作"｜"新邮件使用"｜"其他信纸"命令，打开"选择信纸"对话框。

（3）在"信纸"列表中选择需要的信纸，在"预览"窗口查看所选信纸的效果。

（4）单击"确定"按钮，系统将自动打开邮件编辑器，所选的信纸将加入到新建的邮件中。

（5）输入邀请函内容，如图6-9所示，并发送邮件。

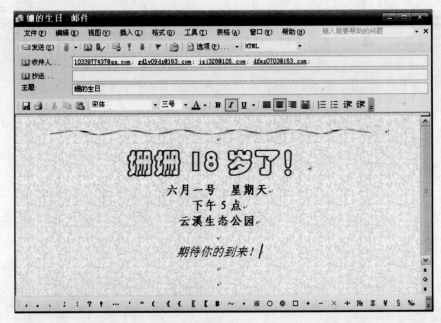

图6-9

6.2.3　为电子邮件添加签名

许多人会在每一封发送邮件的结尾处加进联系方式。与其每次都输一次同样的信息，不如创建一个签名让Outlook 2003添加到所有发出信件的结尾处。签名通常包含名字和电子邮件地址，还能加进电话号码、传真号码和职位等信息，还可以添加公司的标志和其他图形。选择适当的颜色和字体可以创建一个独一无二且富有表现力的签名。

你可以为同一个电子邮件账户创建多个签名，如商务签名，包括公司名称及标志，或个人签名，包含昵称和喜爱的语录。你可以创建简单的签名，适用于纯文本格式邮件的发送；也可以创建复杂的带有图标的签名，适用于HTML和多格式文本格式邮件的发送。

如果你有多个电子邮箱地址，Outlook 2003还能够为每个邮件账户创建唯一的独特签名。这些签名将在使用相应的Outlook 2003电子邮件账户时自动插入。

现在创建一个签名来完善整个邮件，并在邮件发送时使用该签名。

☞ 操作步骤

(1) 单击"工具"｜"选项"命令，打开"选项"对话框，单击"邮件格式"选项卡，如图6-10所示。

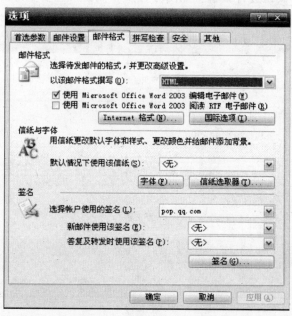

图 6-10

（2）单击"签名"按钮，打开"创建签名"对话框。单击"新建"按钮，打开"创建新签名"对话框。

（3）在第一个栏中，输入"学生签名"，给新的签名命名，如图6-11所示。选中"由空白签名开始"选项，然后单击"下一步"按钮，显示"编辑签名"对话框。

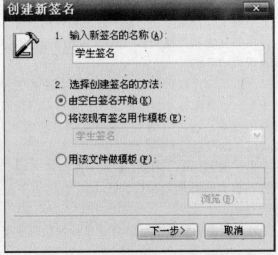

图 6-11

（4）在编辑区域输入自己的名字和邮箱地址，使用编辑区域下面的"字体"、"段落"按钮进行编辑，如图6-12所示。如果想要更好的效果，可以单击"高级编辑"按钮，打开Outlook之外的其他编辑器编辑签名。

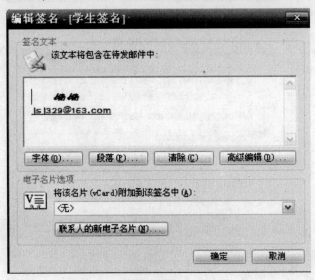

图 6-12

（5）单击"确定"按钮，回到"创建签名"对话框，再次单击"确定"按钮，回到"选项"对话框，单击"新邮件使用该签名"项目右侧的下三角箭头，选中"学生签名"，单击"确定"按钮。

（6）创建一个新的电子邮件，该签名会自动出现在邮件正文区域，编辑邮件，如图6-13所示，发送给班级老师或同学。

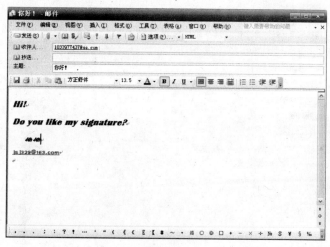

图 6-13

6.2.4　设置邮件的发送选项

可以设置邮件的发送选项，提醒收件人有关邮件的内容。下面新建一个邮件发给同学，将其标记为高重要度，提醒收件人你的电子邮件比其他普通的邮件更重要，同时将它标记为机密，通知收件人这个邮件包含有比较敏感的信息。

需要注意的是，如果收件人同样使用Outlook，那么你所指定的标记或其他设置都将在收件人的邮件中显示出来，否则无法显示。

☞ **操作步骤**

（1）单击工具栏上的"新建"按钮，打开邮件编辑器"未命名的邮件"对话框，在其中单击工具栏上的"选项"按钮右侧的下三角箭头，在下拉列表中选择"选项"选项打开"邮件选项"对话框。

（2）在"邮件设置"区域单击"重要性"文本框右侧的下三角箭头，在下拉列表中选择需要的重要性级别。

(3) 在"邮件设置"区域设置"重要性"和"敏感度",如图6-14所示。

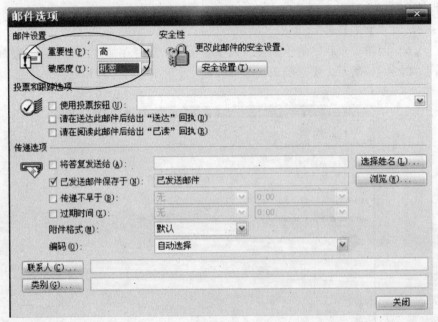

图 6-14

(4) 单击"关闭"按钮,回到邮件编辑器,完成邮件的编辑,发送给班级同学。

提示:收件人收到你的邮件后,在收件箱的邮件列表会有一个红色的感叹号提示邮件的重要性,在阅读窗格中邮件头会有机密和重要性的提示,如图6-15所示。

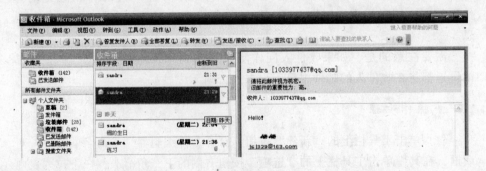

图 6-15

6.2.5　接收邮件

为了能够及时收到邮件，你可以为Outlook 2003设置自动接收邮件功能，让Outlook 2003自动周期性地检查邮件，更新邮件，还可以设置在新邮件到达时给出提示。当然，你也可以随时手动检查接收邮件。下面我们接收同学们发送过来的邮件。

6.2.5.1　自动接收电子邮件

☞ **操作步骤**

（1）单击"工具"|"选项"命令，打开"选项"对话框，选择"邮件设置"选项卡。

（2）单击"发送和接收"按钮，打开"发送/接收组"对话框。

（3）在"组'所有账户'的设置"区域选中"在'发送/接收'（F9）中包含该组"复选框，选中"安排自动发送/接收的时间间隔为"复选框，并在后面的文本框中设置时间间隔为"10"分钟，如图6-16所示。

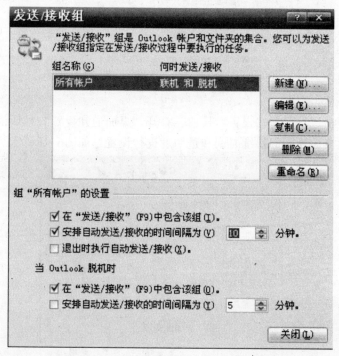

图 6-16

(4) 单击"关闭"按钮,返回"选项"对话框。

(5) 选择"首选参数"选项卡,在"电子邮件"区域单击"电子邮件选项"按钮,打开"电子邮件选项"对话框。

(6) 在"电子邮件选项"对话框的"邮件处理"区域单击"高级电子邮件选项"按钮,打开"高级电子邮件选项"对话框。

(7) 在"新邮件到达我的收件箱时"区域选中"播放声音"和"显示新邮件桌面通知"复选框,如图6-17所示。

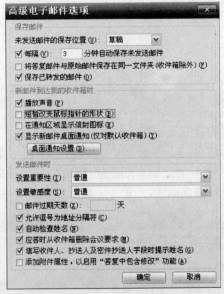

图 6-17

(8) 单击"桌面通知设置"按钮,打开"桌面通知设置"对话框,在对话框中可以对桌面通知的持续时间和透明度进行设置,如图6-18所示。

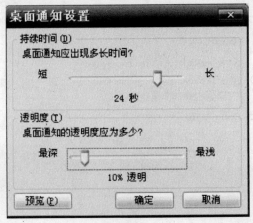

图 6-18

（9）依次单击"确定"按钮，关闭所有对话框。

6.2.5.2　手动接收电子邮件

Outlook 2003允许用户进行手动检查是否收到新邮件，检查新邮件时，Outlook 2003将对指定邮件账户进行检查，同时把用户留在发件箱中的邮件发送出去。会短暂出现一个进度框，显示Outlook正在收发邮件。

☞ **操作步骤**

（1）在Outlook 2003左侧的导航栏中单击"邮件"按钮，切换到"邮件"选项。

（2）单击"常用"工具栏上的"发送和接收"按钮。或单击"工具"｜"发送和接收"｜"全部发送/接收"命令。

📝 **提示1**：接收邮件的操作完成后，接收到的新邮件将出现在收件箱的邮件列表中并以加粗字体显示，同时在邮件项目的"收件箱"图标右边出现相应的数字，提示用户收件箱未阅读邮件的数量。

📝 **提示2**：接收邮件时，如果用户的邮箱密码没有保存在列表中，则会打开"输入网络密码"对话框，要求用户输入密码。

6.2.6　阅读邮件

在阅读邮件时你可以在收件箱中预览邮件，邮件头会告诉你邮件是谁发送的，什么时候接收的，以及邮件的主题是什么。你也可以打开邮件进行详细阅读。邮件中带的附件可以保存起来以后再阅读，也可以直接打开阅读。

现在阅读同学发给你的电子邮件。

☞ **操作步骤**

（1）单击Outlook 2003左侧的导航栏"邮件"按钮，切换到"邮件"选项。

（2）单击"所有邮件文件夹"项目中"个人文件夹"下的"收件箱"，被选中邮件会显示在右边的阅读窗格，如图6-19所示。邮件头显示在邮件的上部，附件的名称以及大小也清楚地显示出来，代表附件的图标表明了附件的文件类型。

（3）单击"视图"｜"阅读窗格"命令，在出现的子菜单中选择阅读窗格的显示位置或关闭阅读窗格。

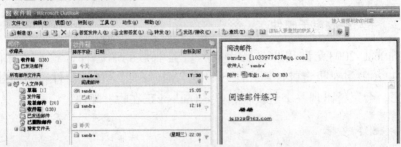

图 6-19

(4) 单击 "视图" | "自动预览" 命令，在收件箱中预览邮件的大体内容，如图6-20所示。

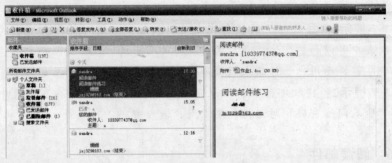

图 6-20

(5) 双击收件箱列表中的邮件，或在要打开的邮件上单击鼠标右键，在弹出的快捷菜单中单击 "打开" 命令，邮件显示在一个单独的窗口中，如图6-21所示。

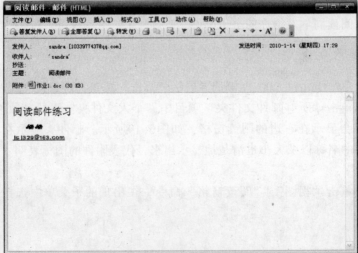

图 6-21

（6）双击邮件窗口中的附件图标，打开"打开邮件附件"对话框。

（7）单击"打开"按钮，直接打开附件。或单击"保存"按钮，打开"另存为"对话框，进行保存设置并保存。

6.2.7　答复邮件

有时候，阅读的邮件不需要回信，而其他时候，对于朋友或工作伙伴的来信则需要回复。回信会将原始邮件的副本以及另外输入的正文一起发送出去。答复邮件可以在收件箱中进行，也可以在打开的邮件编辑器中进行。如果原先的邮件除了发给你之外还同时发给其他人，你可以选择回信只是发给原先发件人还是同时发给所有的收件人。

下面我们回复同学的来信。

☞ *操作步骤*

（1）在收件箱的邮件列表中双击要回复的邮件将它打开。

（2）单击常用工具栏上的"答复收件人"按钮则只答复该邮件的发件人；如果单击"全部答复"按钮则给收到邮件人的每个人都答复，即给原件中"收件人"文本框中的所有用户均答复。

（3）此时标题为"答复：××-邮件"的邮件编辑器被打开，Outlook 2003自动将有关内容填入相关的位置，如在"收件人"文本框中自动填入相关的邮件地址等。

（4）在邮件正文区域对邮件的正文进行编辑，如图6-22所示。

图 6-22

（5）单击"发送"按钮发送邮件。

提示：用户也可以在收件箱中直接回复邮件，在邮件列表中选中要答复的邮件，单击"常用"工具栏上的"答复收件人"按钮或执行"动作"｜"答复收件人"命令。

6.2.8　转发邮件

在收到邮件时，一般会考虑邮件内的内容对其他人是否有用。如果有用的话，可以将邮件转发给其他人。转发邮件可以在收件箱中进行，也可以在打开的邮件编辑器中进行。

下面练习将收到的邮件转发给同学。

☞ **操作步骤**

（1）进入收件箱，在邮件列表中选中要转发的邮件。

（2）单击"常用"工具栏上的"转发"按钮或单击"动作"｜"答复发件人"｜"转发"命令，打开标题为"转发：××—邮件"的邮件编辑器。

（3）在"收件人"文本框中输入收件人的地址。

（4）在邮件原件上添加内容或对邮件原件进行修改，单击"发送"按钮，如图6-23所示。

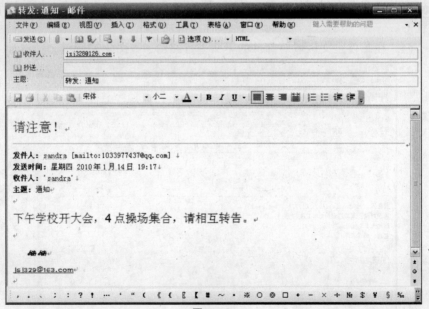

图 6-23

提示：如果用户正在邮件编辑窗口中阅读邮件，也可以单击"常用"工具栏上的"转发"按钮或执行"动作"|"转发"命令进行转发。

6.2.9　撤回邮件

总有些特殊的时候，当你刚刚发送邮件时，才意识到该邮件还有一些地方需要修改。使用 Outlook 2003，可以在对方阅读邮件之前将其撤回，并用修改过的邮件取而代之。邮件撤回必须符合 4 个条件：收件人必须接入网络，收件人使用的也是 Outlook 2003，邮件必须处于收件人的收件箱中并且邮件尚未被阅读。

例如，上面通知开会，但却意外地将开会的时间给输错了，于是你撤回该邮件，对日期作出修改并重新发送正确的邮件。

☞ **操作步骤**

(1) 打开"已发送文件"文件夹，列出已发送邮件。

(2) 双击想要收回的邮件，邮件在一个单独的窗口中打开。

(3) 单击"动作"菜单中的"撤回该邮件"选项，显示"撤回该邮件"对话框，如图 6-24 所示。

(4) 选择其中的一个选项对邮件进行处理。

(5) 单击"确定"按钮撤回邮件。

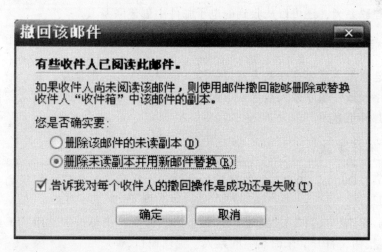

图 6-24

6.3 使用联系人

为了与朋友或商业伙伴保持有效沟通，很多人会将重要的电话、传真号码、地址以及其他相关信息保存在通讯簿或电话号码本中。在Outlook 2003中，联系人的功能就好比生活中的通讯簿、电话号码本等载体。联系人其实也是一个数据库，它存放用户创建的所有有关联系人的信息。效率是联系人文件夹的主要价值之一。每当创建一个新的联系人，姓名、E-mail地址、电话都会被同时加入通讯簿中。创建一封新邮件时，你可以将通讯簿中特定的E-mail地址插入收件人或抄送栏中——无需手工键入这些地址。联系人与其它Outlook功能组件及Office系统程序紧密集成，利用它可以对各种人员信息进行高效、灵活的管理。

在本节中，你将学习如何新建、修改、删除联系人，如何使用联系人发送电子邮件以及将联系人信息作为vCard或虚拟名片发送。

6.3.1 创建联系人

首次使用Outlook 2003时，联系人文件夹是空的，用户需要创建自己的联系人。用户可以创建包含全新信息的联系人，也可以通过同一单位的其他联系人来创建联系人，还可以从收到的电子邮件中创建联系人。

6.3.1.1 新建联系人

新建联系人需要在联系人窗口的输入框中键入相应的信息，每个输入框代表一个字段或一项联系人信息。下面我们新建三条联系人记录，输入三个同学的电子邮件信息。

☞ **操作步骤**

（1）在Outlook 2003左侧的导航栏中单击"联系人"按钮，切换到"联系人"项目。

（2）单击"文件"｜"新建"｜"联系人"命令，或单击"常用"工具栏的"新建"按钮，打开"未命名—联系人"编辑窗口。

（3）选择"常规"选项卡，如图6-25所示，在"姓氏"和"名字"文本框中输入联系人的姓名；在"电子邮件"文本框中输入联系人的电子邮件地址，如果该联系人有多个电子邮件地址，在输完一个电子邮件地址后单击右侧的下三角按钮，然后继续输入电子邮件地址；还可以在对话框中输入其他的相关信息。

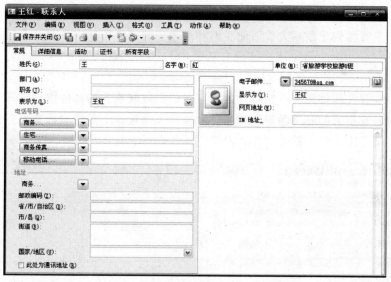

图 6-25

（4）单击"常用"工具栏上的"保存并关闭"按钮，添加的联系人将显示在联系人项目列表中。

（5）重复（2）、（3）、（4）步，再次输入两条信息。联系人列表中有了三条信息，如图6-26所示。

图 6-26

6.3.1.2 从收到的电子邮件中创建联系人

在收到的电子邮件中，带有发件人姓名和电子邮件地址等信息，可以利用这些信息直接创建联系人。下面我们利用收到的邮件创建三条联系人记录。

☞ **操作步骤**

（1）打开收件箱，在邮件列表中双击要创建联系人的邮件把它打开。

（2）在打开的邮件编辑窗口中，在发件人地址段上单击鼠标右键，在弹出的快捷菜单中选择"添加到Outlook联系人"命令，如图6-27所示。

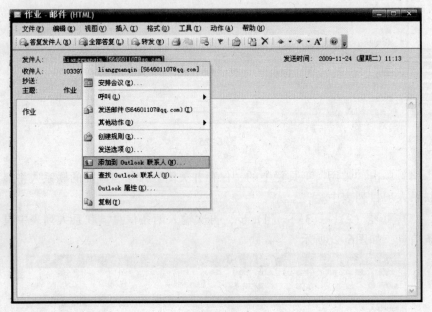

图 6-27

（3）Outlook 2003将打开"联系人"编辑窗口，并且把发件人姓名和电子邮件地址自动添加到该联系人信息中。在"联系人"对话框中进行信息的编辑和输入，最后单击工具栏上的"保存并关闭"按钮。

6.3.2 使用联系人发送电子邮件

可以直接从联系人列表中向联系人发送电子邮件，现在从联系人窗口直接为班级同学发送一封邮件。

☞ 操作步骤

（1）在Outlook 2003左侧的导航栏中单击"联系人"按钮，切换到"联系人"项目，在联系人列表中选中要发送邮件的联系人。

（2）如图6-28所示，单击鼠标右键，选择"致联系人的新邮件"命令，或单击"动作" | "致联系人的新邮件"命令，又或直接单击"常用"工具栏上的"致联系人的新邮件"按钮。

（3）在打开的新邮件编辑窗口中，Outlook 2003将自动把该联系人的电子邮件地址填入"收件人"文本框中。

（4）输入邮件的主题和内容，编辑完成后，单击工具栏上的"发送"按钮将其发送出去。

图 6-28

6.3.3　发送邮件时选择联系人

在邮件编辑窗口输入收件人和抄送人地址时，可以利用选择联系人的方法输入收件人和抄送人的地址，下面用这种方法发送一封邮件给班级同学。

☞ 操作步骤

（1）在邮件编辑窗口中单击"收件人"按钮，打开"选择姓名"对话框。

（2）在"显示名称来源"下拉列表中选择"联系人"。

（3）在"联系人"列表中选中收件人，单击"收件人"按钮，选中的收件人显示在"收件人"文本框中；如果有多个收件人，可以在"联系人"列表中再选择一个收件人，然后再次单击"收件人"按钮。

（4）在"联系人"列表中选中抄送人，单击"抄送"按钮，选中的抄送人显示在"抄送"文本框中，如图6-29所示。

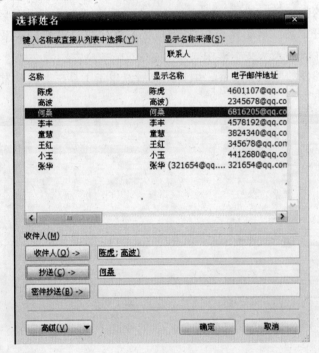

图 6-29

（5）单击"确定"按钮，返回邮件编辑窗口，在"选择姓名"对话框中选择的"收件人"显示在"收件人"文本框中，选择的"抄送人"显示在"抄送"文本框中。

（6）输入邮件的主题和内容，编辑完成后，单击工具栏上的"发送"按钮将其发送出去。

6.3.4 使用vCard发送和接收联系人信息

vCard是一种虚拟名片，使用vCard交换联系人信息非常快捷、方便。使用vCard，可以将联系人信息作为电子邮件的附件发送和接收，使这些信息可以被轻松地加入收件人的联系人文件夹中。

6.3.4.1 发送vCard

下面，将你的联系人信息作为vCard转发给班级同学。

☞ **操作步骤**

（1）在"联系人"列表中，选择一个联系人，单击选中联系人记录。

（2）单击"动作" | "作为vCard转发"命令，如图6-30所示。

图 6-30

（3）打开的邮件编辑器中，vCard显示在"附加"栏上，如图6-31所示。

图 6-31

（4）选择收件人，输入邮件的主题和内容，编辑完成后，单击工具栏上的"发送"按钮将其发送出去。

6.3.4.2 接收vCard

当接收到一张vCard时，它作为一封电子邮件的附件显示。可以很方便地将其中的信息添加到自己的联系人列表中。下面接收并保存由班级同学发送的vCard。

☞ **操作步骤**

（1）双击上一练习中从班级同学处收到的包含有vCard附件的电子邮件。

（2）双击附件中的vCard图标，打开如图6-32所示"打开邮件附件"对话框，单击"打开"按钮。

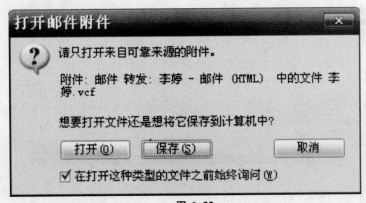

图 6-32

（3）打开联系人编辑窗口，进行必要的编辑修改后，单击"保存并关闭"按钮，vCard中的联系人信息保存到联系人列表中。

6.4 使用日历

使用Outlook日历就如同使用挂在墙上或放置于工作台的日历一样简单。Outlook 日历的主要功能是用于完成日程安排，其中包括个人活动、会议和其他事件。用户可以预先安排并记录一段时间内的日程安排，并且可以指定Outlook提前发出提醒，以帮助用户高效地完成工作并处理好每天的日常事务。

6.4.1　在日历中导航

下面来熟悉一下Outlook 2003的日历窗口。

☞ 操作步骤

（1）在Outlook 2003左侧的导航栏中单击"日历"按钮，显示"日历"项目的内容，如图6-33所示。

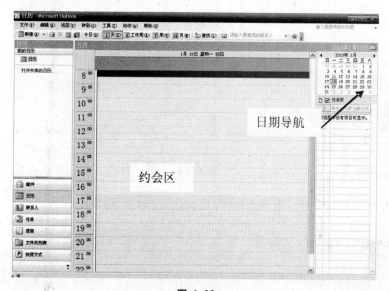

图 6-33

（2）在中间约会区，拖动滚动条到顶端。约会区以30分钟为刻度分隔。深色线条分隔每一小时，浅色线条分隔每半小时。

（3）在右上角日期导航器中，单击明天的日期，约会区显示明天的日期。

（4）在日期导航器的顶端，单击月份条上的左向箭头，显示上一个月。

（5）在日期导航器的顶端，单击并按住月份条上的向右箭头几秒钟，日期导航器中的时间快速向前移动。

（6）在工具栏中，单击"今天"按钮，约会区及日期导航显示为当前天。

（7）在工具栏中，单击"5工作周"按钮，标准工作周的5天显示在5列中，如图6-34所示。

（8）在工具栏中，单击"7工作周"按钮，视图切换到7天。

（9）在工具栏中，单击"31月"按钮，视图切换显示一个月。

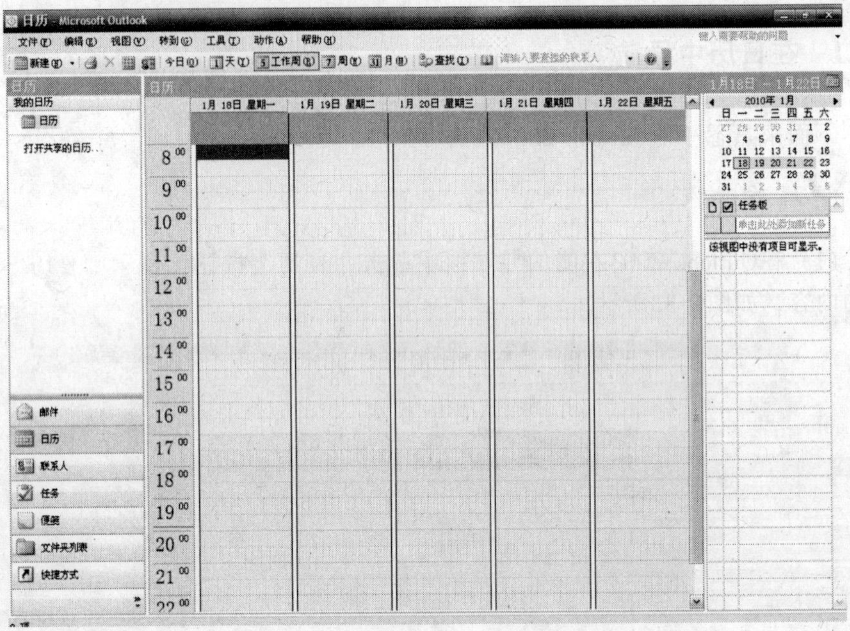

图 6-34

（10）在工具栏中，单击"1天"按钮，返回到天视图。

6.4.2　创建约会

在Outlook日历中，约会是已经排定的任何事情，不需要邀请其他人参与。你可以在日历中创建约会并在适当的时候给用户发出提醒。下面来创建两个约会和一个多天事件。

☞ **操作步骤**

（1）在Outlook 2003左侧的导航栏中单击"日历"按钮，切换到"日历"项目。

（2）在日期导航器上，单击下一个星期六。

（3）在约会区，单击12:00时段。

（4）输入"和同学聚餐"，并按"回车"键。约会自动设定为半小时。

（5）选中任务，边框变成蓝色。将鼠标移到蓝色边框的下边框，鼠标变成双向箭头，向下拖动鼠标，将下边框下移一格，把约会时间定为一小时。

（6）用同样的方法，创建下星期六下午3点到4点看电影的任务，如图6-35所示。

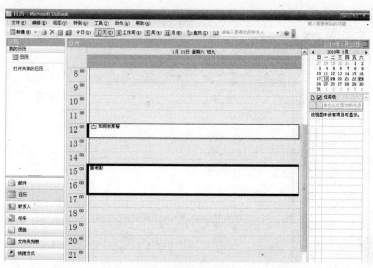

图 6-35

（7）在日期导航中，单击下个星期一。

（8）单击"新建"按钮，打开"未命名–约会"编辑窗口。

（9）在"主题"文本框中输入约会的主题："冬令营"。

（10）在"地点"文本框中输入约会的地点："广东省旅游学校"。

（11）在"标签"下拉列表中选择约会的标签："假期"。

（12）在"开始时间"文本框中选择或输入约会开始时间为8:00；在"结束时间"文本框中选择或输入约会结束时间为星期三16:30。

（13）选中"提醒"复选框，在"提前"文本框中选择或输入提前提醒的时间为1天，如图6-36所示。

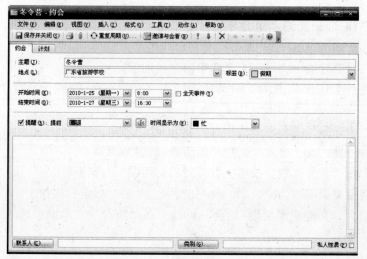

图 6-36

（14）单击"保存并关闭"按钮，事件显示在约会区顶部，如图6-37所示。

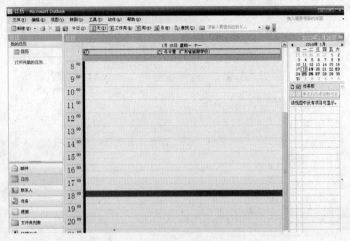

图 6-37

6.4.3 创建定期约会

定期约会是指带有周期性的约会。创建定期约会与创建一般约会略有不同，在定期约会中，除了设置和一般约会一样的主题、地点、时间和提醒外，还要设定约会的循环周期。使用该功能，Outlook 2003可以根据设置的开始时间、重复周期和结束时间自动间隔重复不断，从而省去用户进行多次设置的麻烦。下面创建一个定期约会。

☞ **操作步骤**

（1）在Outlook 2003左侧的导航栏中单击"日历"按钮，切换到"日历"项目。

（2）在日期导航中，选择未来的第四个星期二。

（3）在约会区，单击16:30时间段，输入"兴趣小组活动"，并按"回车"按钮。

（4）选中任务，拖动底部边框到17:00时间段，指示出一个一小时的约会。

（5）双击此约会，显示"兴趣小组活动-约会"窗口。

（6）单击"重复周期"按钮，打开"约会周期"对话框。

（7）将重复周期改为6次，如图6-38所示，单击"确定"按钮。

（8）回到"兴趣小组活动-约会"窗口，在"地点"文本框中输入"旅游论坛"。

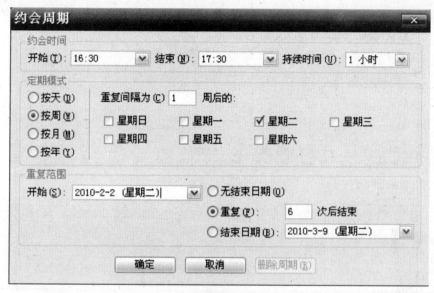

图 6-38

（9）单击工具栏上的"保存并关闭"按钮。

6.4.4　发送会议请求

会议是约会的一种，是使用Outlook日历要求其他人参加的约会。它不但具有约会所有的特点，还涉及其他人和资源等。当用Outlook中创建会议时，将向每一位预期与会者发送一个包含预约资源的会议请求，并跟踪与会者的响应。对于每一位预期与会者，都可指定其参与是必选的还是可选的。如果必选的与会者拒绝会议邀请，则需要重新安排此会议。会议请求时一封告诉其他人会议主题、会议主办地点和会议举行时间的电子邮件。

下面创建一个会议并邀请班级同学参加。

☞ 操作步骤

（1）切换到日历视图，在日期导航器中，单击下一个星期一并单击19:00时间段。

（2）单击工具栏上"新建"按钮右边的下拉箭头，选择"会议要求"选项，打开"未命名-会议"对话框，如图6-39所示。

（3）单击"收件人"按钮，打开"选择与会者及资源"对话框，如图6-40所示。

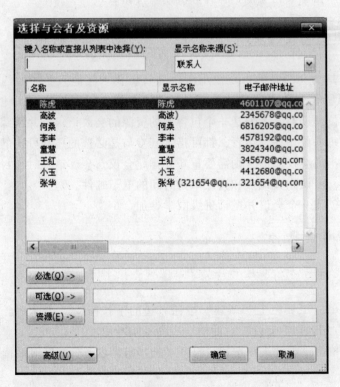

图 6-39

图 6-40

（4）选择班级同学的名称到"必选"或"可选"项，单击"确定"按钮。

（5）在"主题"、"地点"和备注框中输入有关内容，如图6-41所示，单击"发送"按钮。

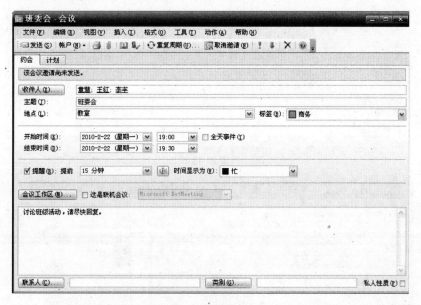

图6-41

6.4.5 响应会议请求

下面，我们接收一个来自班级同学的会议请求并为此会议建议一个新时间。

☞ 操作步骤

（1）单击Outlook 2003左侧导航栏中的"邮件"按钮，切换到邮件项目，单击"收件箱"文件夹。

（2）单击"发送/接收"按钮，接收来自同学的会议请求电子邮件。

（3）在收件箱中单击会议请求邮件，会议信息再阅读窗格打开，如图6-42所示。

（4）在邮件上，单击"建议新时间"按钮，打开"建议新时间"对话框。

（5）更改时间，如图6-43所示。

（6）单击"建议时间"按钮，创建一个电子邮件响应。

（7）单击"发送"按钮，包含建议时间的电子邮件被发送到班级同学。

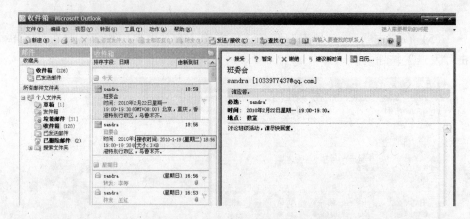

图 6-42

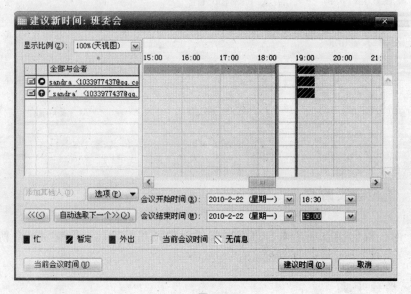

图 6-43

6.5 使用任务

    一个大型项目可能会让人难以负担，无法及时准确地跟踪每一天要做的事情。任务列表是管理大型项目和日常事务的最好工具。任务列表能帮助你更有效地安排工作及工作的优先级。把一个大型项目割成很多小的任务，使这些小任务更便于管理，使你不会忘记其中的关键步骤。同时，也可及时检查是否有遗漏或未完成的步骤。Outlook 2003可以帮你详细记录日常工作计划和检查计划进度。

6.5.1　创建任务

要创建一项任务，首先需要清楚任务的基本要求：任务的具体内容、截止日期、重要性等等。下面我们练习使用任务列表来创建任务，筹备明天的班级晚会。

☞ **操作步骤**

（1）在Outlook 2003左侧的导航栏中单击"任务"按钮，切换到"任务"项目。

（2）单击"主题"下方"单击此处添加新任务"文本框，输入"购买礼物"，这是任务的名称。

（3）单击"截止日期"下的文本框，单击右边的下拉箭头，在打开的迷你日历中选择时间为今天。

（4）重复第2、3步，添加任务"布置教室"，截止时间为明天；添加任务"准备节目"，截止日期为明天。如图6-44所示。

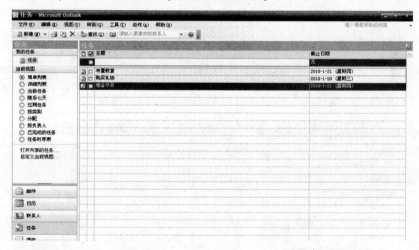

图 6-44

6.5.2　给他人分配任务

很多项目都不是单独一人能够完成的，需要将项目细分为小任务，还需要将这些任务分配给其他人来完成。当你在Outlook任务列表中创建好一项任务时，你本人就是默认的任务所有者，所有者是唯一能改变任务内容的人。你可以通过电子邮件将任务分配给其他人，而收件人也可以通过回复电子邮件来接受或是拒绝这个任务。如果接受任务，任务的接受者就成为了任务的所有者。

下面我们将上面建立的任务分配给班级同学。

☞ **操作步骤**

(1) 单击"准备节目"任务，按回车键，打开"准备节目–任务"对话框，如图6–45所示。

图 6–45

(2) 单击"分配任务"按钮，打开如图6–46所示对话框。

图 6–46

（3）单击"收件人"按钮，打开的"选择任务收件人"对话框。

（4）在打开的"选择任务收件人"对话框中，选择班级同学的名字，单击"收件人"按钮，单击"确定"按钮。

（5）回到"准备节目-任务"窗口，单击"发送"按钮。

（6）重复上面的步骤，将"布置教室"的任务分配给另外一位同学。

6.5.3　接受或拒绝任务

其他人给你的任务要求以电子邮件的形式发送到你的收件箱，你可以选择接受或拒绝这个任务。下面，我们来接受一个任务，拒绝另一个任务。

☞ *操作步骤*

（1）单击Outlook 2003左侧导航栏中的"邮件"按钮，切换到邮件项目，单击"收件箱"文件夹。

（2）在收件箱中找到班级同学发送的两个任务要求。

（3）单击任务要求"准备节目"，任务要求显示在"阅读窗格"，如图6-47所示。

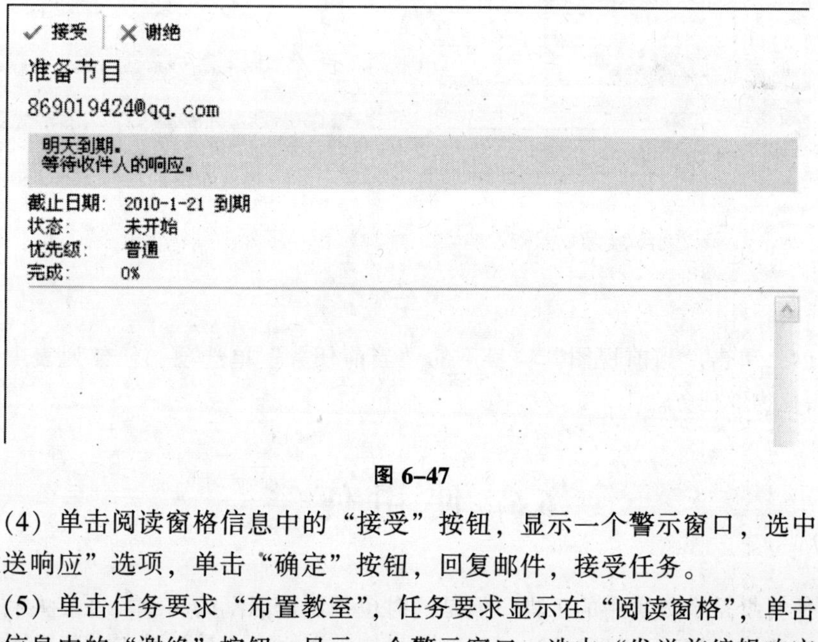

图 6-47

（4）单击阅读窗格信息中的"接受"按钮，显示一个警示窗口，选中"立即发送响应"选项，单击"确定"按钮，回复邮件，接受任务。

（5）单击任务要求"布置教室"，任务要求显示在"阅读窗格"，单击阅读窗格信息中的"谢绝"按钮，显示一个警示窗口，选中"发送前编辑响应"选项，单击"确定"按钮，显示一个任务窗口，在编辑窗口中输入谢绝理由：

"很抱歉，我有事。"

（6）单击"发送"按钮，回复邮件，拒绝任务。

6.5.4　将任务标记为完成

当你将一个任务标记为"已完成"后，这个任务不会出现在"当前任务"列表中，并且会显示为被一条横线划过的状态。下面我们将任务"购买礼物"标记为"已完成"。

☞ 操作步骤

（1）双击任务"购买礼物"，打开"购买礼物–任务"对话框。

（2）单击"状态"选项框右边的下拉箭头，选择"已完成"。

（3）单击"保存并关闭"按钮，关闭"购买礼物–任务"对话框，任务"购买礼物"显示为被一条横线划过的状态，如图6-48所示。

图 6-48

（4）单击"当前视图"项目下的"当前任务"单选项，任务列表中没有"购买礼物"任务。

6.6　使用便笺

便笺纸是个很实用的工具，但是同时也是制造混乱的高手。许多人利用便笺纸来简单记下电话号码、注解和一些提醒，用来提醒他们一天的安排。这些小的便笺纸可以临时放在桌子上、贴在电脑的显示器上，或者附在一些很显眼的地方。

Microsoft Office Outlook 2003 中有一种和便笺纸功能类似的电子便笺，不同的是它是显示屏里的便笺。这种便笺提供类似便笺纸的方便，但无须担心它会给桌面工作带来混乱。

6.6.1　创建便笺

下面我们创建三个便笺。

☞ **操作步骤**

（1）在导航窗格上，单击"便签"按钮，显示便笺文件夹的内容。

（2）在常用工具栏上，单击"新建"按钮，显示一个新便笺，光标插入点显示在便笺条窗口的第一行。

（3）在"便笺"窗口中，输入"中午下课后到老师办公室"，如图6-49所示。在便笺的右上角单击关闭按钮。

（4）再次单击工具栏上的"新建"按钮，显示一个新的便笺窗口，在便笺条窗

中午下课后到老师办公室。

2010-1-20 19:31

图 6-49

口，输入"下午做值日"。在便笺条窗口的右上角，点击关闭按钮。

（5）用同样的方法创建第三个便笺，内容为"小彤电话37398722"，保存并关闭便笺，创建的三个便笺在便笺文件夹中显示为图标，如图6-50所示。

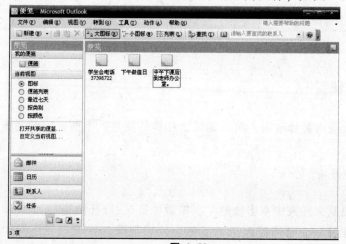

图 6-50

6.6.2　组织便笺

便笺默认为黄色，但是，可以对便笺的颜色进行更改，可以通过颜色对便笺进行组织。例如，可以将个人便笺改为绿色。

☞ **操作步骤**

（1）在便笺窗口，右键单击"小彤电话"，在快捷菜单中选择"颜色"|"绿色"。便笺被改为绿色。

（2）在"当前视图"中选择"按颜色"，便签列表按颜色分组显示，如图6-51所示。

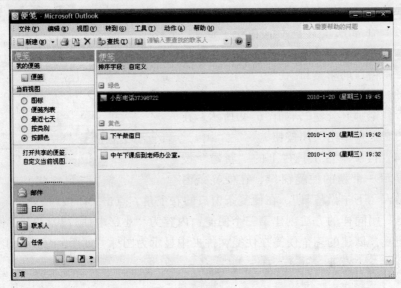

图 6-51

6.6.3　编辑便笺

需要对便笺内容修改时，可以编辑已创建的便笺。下面，编辑便笺"下午做值日"。

☞ **操作步骤**

（1）在便笺文件夹中双击便笺"下午做值日"，打开便笺。

（2）在便笺中，将内容改为"下午全校大扫除，要求1、2组同学留下"，在便笺的右上角，点击"关闭"按钮，保存并关闭便笺。

6.6.4　删除便笺

当不再需要某便笺时，可以将之从便笺文件夹窗口删除，如同其它已删除项目一样，被删除的文件会存放在"已删除邮件"文件夹，直到你将此文件夹清空。也可以将已经删除的便笺进行恢复。

现在尝试删除一个便笺。

☞ **操作步骤**

（1）在便笺窗口，单击便笺"中午下课后到老师办公室"便笺，使之在选择状态。便笺处于选中状态。

（2）在常用工具栏中，单击"删除"按钮，便笺被移动到"已删除邮件"文件夹。

（3）在导航窗格单击"文件夹列表"按钮，点击"已删除邮件"，看到删除的便笺，如图6-52所示。

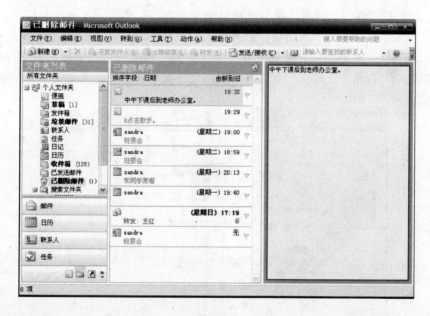

图 6-52

6.7 导入或导出信息

用户可以方便地将其他邮件程序中的邮件、账户等信息导入到Outlook 2003中，也可以将Outlook 2003中的信息导入到其他文件中。下面我们来学习导入和导出PST类型文件的方法。

☞ **操作步骤**

（1）单击"文件"｜"导入和导出"命令，打开"导入和导出向导"对话框。

（2）在"请选择要执行的操作"列表中选中"从另一个程序或文件导入"选项，单击"下一步"按钮，进入"导入文件"对话框。

（3）在"从下面位置选择要导入的文件类型"的列表中选择"个人文件夹文件（.pst)"，单击"下一步"按钮，进入"导入个人文件夹"对话框。

（4）在导入文件列表中输入要导入文件的位置，或者单击"浏览"按钮，在打开的"打开个人文件夹"对话框中选择要导入的文件。

（5）在"选项"区域选择重复项目的导入方法，单击"下一步"按钮，进入"导入个人文件夹"对话框，选择导入的文件夹。

（6）在"从下面位置选择要导入的文件夹"列表中选择要导入的文件夹，如果选中"包括子文件夹"复选框则表示文件夹中的子文件夹也被导入，如图6-53所示。

图6-53

（7）单击"完成"按钮，文件被导入到Outlook 2003中。

q导出PST类型文件的方法和导入PST类型文件的方法相似，在导入和导出向导中选择"导出到一个文件"，然后选择创建的文件类型为"个人文件夹文件（.pst）"，根据向导一步步的提示完成导出操作。

6.8　综合练习

在下面练习中，所有的邮件都不需要单击"发送"按钮发送。

进入Outlook，导入文件6-1.pst至个人文件夹中，用导入的项目替换重复的项目，按下列要求进行操作。

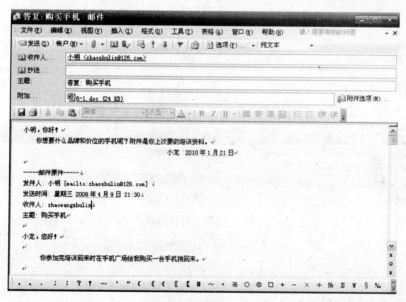

样文 6-1

任务一　答复邮件。按样文6-1，答复小明的邮件，并在答复的邮件中插入附件fujian6-1.doc。

任务二　定制约会。按样文6-2，添加一次个人约会，主题为"老同学聚会"；地点为"中学操场"；时间为"2010年7月10日"，下午4:00开始，下午6：00结束，以年为周期；并邀请"小明、小青"；提前一天提醒。

任务三　联系人操作。按样文6-3所示，将"张平"添加到联系人列表中。

样文 6-2

样文 6-3

任务四　指派任务。按样文6-4安排一个新任务"购买CD机",并将该任务指派给张平；任务开始时间为下周六,结束时间为下周日。

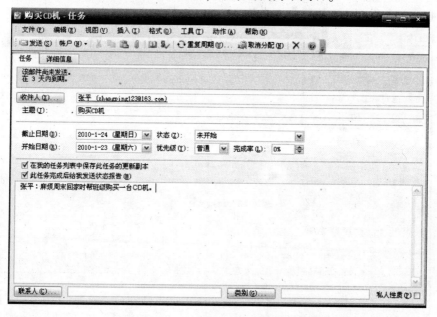

样文 6-4

任务五　创建邮件。按样文6-5创建一封新邮件"参加会议",收件人为小洪,抄送至小明,密件抄送至小青,插入附件fujian6-2.xls。

样文 6-5

任务六 安排会议。按样文6-6安排一次会议，主题为"学习消防知识"，地点为"旅游论坛"，开始时间为下周一下午4:00，结束时间为下午6:00，小丁是必选与会者，小乙是可选与会者，提前一天提醒，类别为熟人。

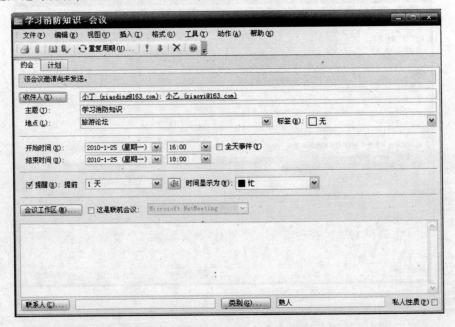

样文 6-6

第7章　Office综合应用

Office应用程序之间可以互相协作，信息共享。

7.1　邮件合并

现代商务活动中，往往需要大量发送邀请函、会议通知、聘书、客户回访函、新产品介绍等信函，信函的内容都是相同的，不同的是客户的名称、地址等信息。通过Word的邮件合并功能，可以将含有客户资料的表格和信函文档联系起来，方便、快捷地完成以上事务。

邮件合并首先需要用到两个文档，一个是主文档，一个是数据源。主文档包括邀请函、会议通知等共有的内容，数据源包含需要变化的信息，如姓名、地址等。然后利用Word提供的邮件合并功能，即在主文档中需要加入变化的信息的地方插入称为合并域的特殊指令，指示Word在何处打印数据源的信息，以便将两者结合起来。这样Word便能够从数据源中将相应的信息插入到主文档中。

7.1.1　创建主文档

主文档可以是信函、信封、标签或其他格式的文档，在主文档中除了包括那些固定的信息外还包括一些合并的域。下面以创建信函为例来学习，我们可以创建一个新文档作为信函主文档，当然，我们也可以将一个已有的文档转换成信函主文档。接下来，我们来创建一个学生成绩报告单作为主文档。

☞ 操作步骤

（1）创建一个新的Word文档，单击"工具" | "信函与邮件" | "邮件合并"命令打开"邮件合并"任务窗格，如图7-1所示。

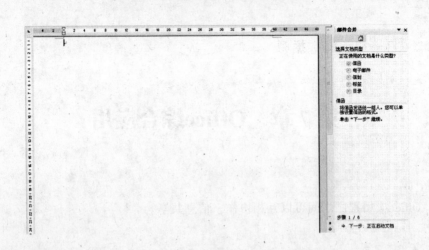

图 7-1

(2) 在任务窗格中的"选择文档类型"区域选中"信函"单选按钮，单击"下一步：正在启动文档"进入邮件合并第二步，如图7-2所示。

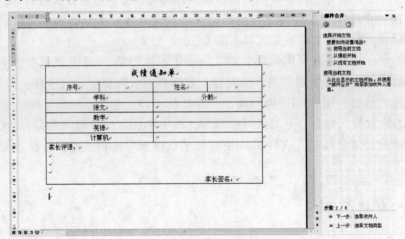

图 7-2

(3) 在"想要如何设置信函?"区域选中"使用当前文档"单选按钮。

(4) 在主文档中对文档的内容进行编辑，图7-2所示即是创建信函主文档的效果。

7.1.2 打开或创建数据源

主文档信函创建好了，但还需要明确被通知单中的序号、姓名、成绩等信息，在邮件合并操作中这些信息以数据源的形式存在。

7.1.2.1 打开数据源

用户可以使用多种类型的数据源。例如，Microsoft Word表格、Microsoft Outlook联系人列表、Microsoft Excel工作表、Microsoft Access数据库和文本文件等。如果在计算机上存在要使用的数据源，用户可以在邮件合并的过程中直接打开数据源，下面我们使用Excel工作簿作为现有的数据源。

✻ 使用文件：成绩单.xls

☞ 操作步骤

(1) 在邮件合并向导的第二步单击“下一步：选取收件人”进入邮件合并的第三步，在“选择收件人”区域选中“使用现有列表”单选按钮。

(2) 在“使用现有列表”区域单击“浏览”选项，打开“选取数据源”对话框，如图7–3所示。

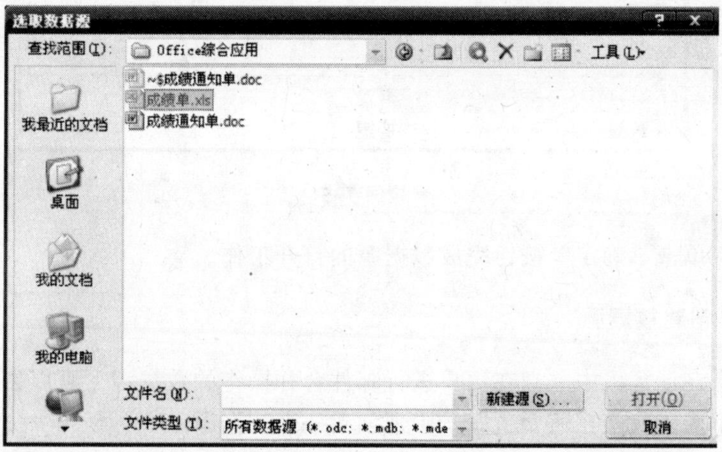

图 7–3

(3) 在对话框中单击所需要的数据源，单击“打开”按钮，出现“选择表格”对话框，如图7–4所示。

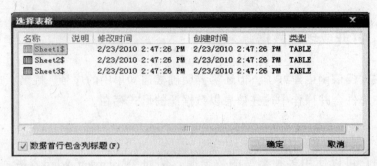

图 7-4

（4）在"选中表格"对话框中选中"Sheetl$"，单击"确定"按钮出现"邮件合并收件人"对话框，如图7-5所示。

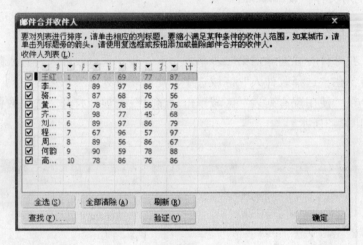

图 7-5

（5）单击"确定"按钮完成数据源的打开工作。

7.1.2.2 创建数据源

如果在计算机中不存在用户进行邮件合并操作的数据源，可以创建新的数据源。下面，我们在信函主文档中来创建一个数据源。

☞ 操作步骤

（1）在邮件合并的第三步，在"选择收件人"区域选中"键入新列表"单选按钮，如图7-6所示。

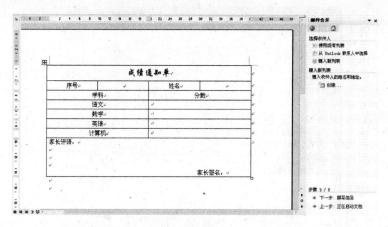

图 7-6

（2）在"键入新列表"区域单击"创建"选项，打开"新建地址列表"对话框，如图7-7所示。

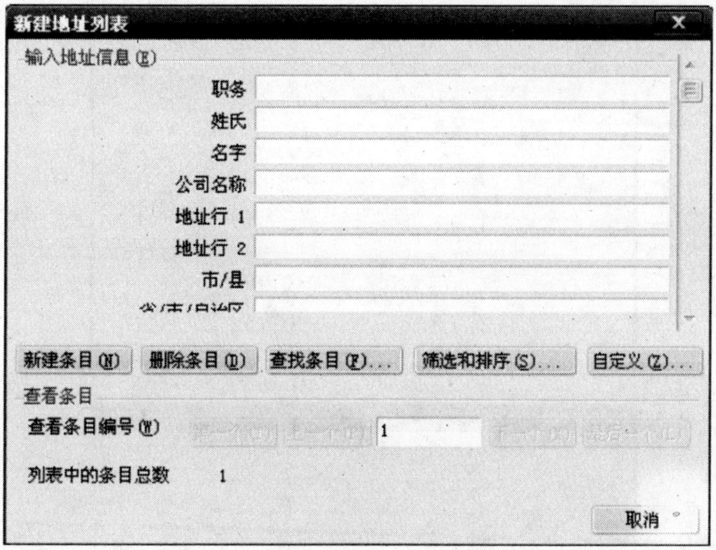

图 7-7

（3）在对话框中单击"自定义"按钮，打开"自定义地址列表"对话框，如图7-8所示。

（4）在"自定义地址列表"中进行域名的添加、删除、更改以及上移、下移等操作，得到成绩通知单所要求的域名，如图7-9所示。

（5）单击"确定"按钮返回"新建地址列表"对话框，如图7-10所示。

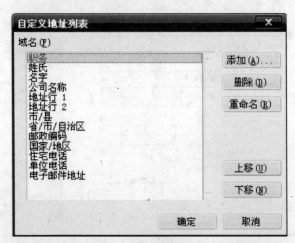

图 7-8

图 7-9

图 7-10

（6）在"输入地址信息"区域的文本框中输入信息内容，如图7-11所示。

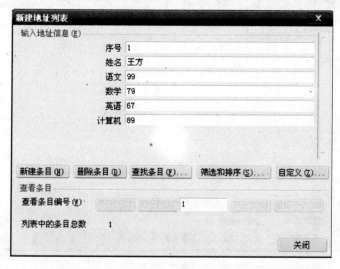

图 7-11

（7）输入完一条记录后，单击"新建条目"按钮，接着输入下面的记录。如是输入如表7-1中的内容。

序号	姓名	语文	数学	英语	计算机
1	王方	99	79	67	89
2	程晨	89	90	94	80
3	罗克英	92	71	93	96
4	李玟	89	95	69	90

表 7-1

（8）记录输入完毕，单击"关闭"按钮，打开"保存通讯录"对话框，对话框中默认的保存位置是"我的数据源"文件夹，我们可以自行选择其他位置，例如保存到桌面的"Office综合应用"文件夹，取名"创建数据源"，将文件保存，如图7-12所示。

（9）单击"保存"按钮，打开"邮件合并收件人"对话框，在对话框中列出了前面输入的数据，单击"确定"按钮完成数据源的创建工作。

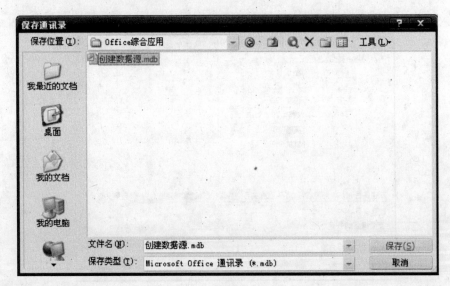

图 7-12

7.1.3　插入合并域

主文档和数据源创建成功后，就可以进行合并操作了，不过在进行主文档和数据源的合并前还应在主文档中插入合并域。

可使用合并域自定义单独文档的内容。将邮件合并域插入主文档时，这些邮件合并域映射到数据源中相应的信息列，如果Word未发现将合并域自动映射到数据源中的标题所需的信息，在插入地址和问候字段或预览合并时，将提示进行该操作。

下面我们进行插入合并域的操作。

☞ *操作步骤*

（1）在邮件合并的第三步单击"下一步：撰写信函"进入邮件合并第四步。

（2）将插入点定位在序号右边的空格，在"撰写信函"区域单击"其他项目…"选项，打开"插入合并域"对话框，如图7-13所示。

（3）在"域"列表中选中"序号"，单击"插入"按钮，可将"序号"域插入到文档中。

（4）按照相同的方法插入其他几个域，在文档中插入域后的最终效果如图7-14所示。

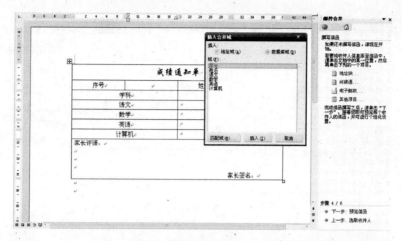

图 7-13

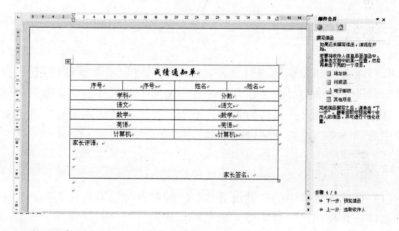

图 7-14

7.1.4　查看合并结果

在对文档进行合并之前我们可以首先查看合并结果，如果合并结果中有错误还可以重新修改收件人列表，并且还可以将某些收件人排除在合并结果之外。

在邮件合并第四步单击"下一步：预览信函"进入邮件合并向导第五步，在任务窗格中单击"信息预览"区域中"收件人"的左、右箭头可以在屏幕上对具体的信函进行预览。在预览时如果发现某个信函可以不要，可在"做出更改"区域单击"排除此收件人"按钮，将该收件人排除在合并工作之外，如图 7-15 所示。

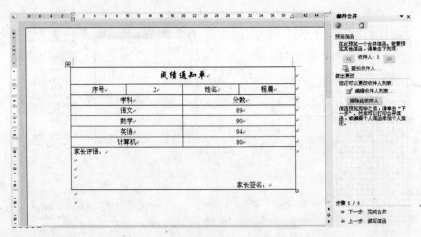

图 7-15

7.1.5 对数据源进行排序

在对主文档和数据源进行合并之前，我们可以对数据源的记录进行排序。对数据源进行排序的目的是在合并过程中使某个域的数据信息按升序或降序排序，这样可以方便合并文档的管理。下面，我们在对信函进行合并前首先将数据源中的"语文"域按升序进行排列。

☞ 操作步骤

（1）在任务窗格中的"做出更改"区域单击"编辑收件人列表"按钮，打开"邮件合并收件人"对话框，如图7-16所示。

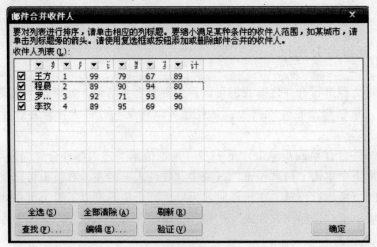

图 7-16

（2）单击需要排序的列标题前面的小三角箭头，打开一个列表，在列表中单击"高级"命令，打开"筛选和排序"对话框，单击"排序记录"选项卡。

（3）在"排序依据"下拉列表框中选择"语文"，在后面选中"升序"单选按钮，单击"确定"按钮，如图7-17所示。

图 7-17

7.1.6 对数据源进行筛选

进行邮件合并时，有些情况下，数据源中的某些记录不需要与主文档合并，这样就需要对数据源中的记录进行筛选。筛选记录可以进行单条件筛选，也可以进行多条件筛选。下面我们筛选计算机在90以上的记录。

☞ 操作步骤

（1）在任务窗格中的"做出更改"区域单击"编辑收件人列表"按钮，打开"邮件合并收件人"对话框。

（2）单击需要排序的列标题前面的小三角箭头，打开一个列表，在列标中单击"高级"命令，打开"筛选和排序"对话框，单击"筛选记录"选项卡，进行如图7-18所示的设定。

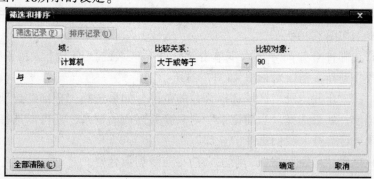

图 7-18

（3）单击"确定"按钮，回到"邮件合并收件人"对话框，看到筛选结果，如图7-19所示。

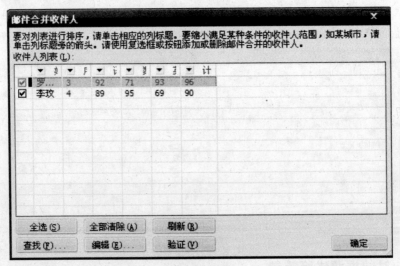

图 7-19

（4）单击"确定"按钮，完成筛选操作。

7.1.7 合并文档

合并文档是邮件合并的最后一步，如果对预览的结果满意，就可以进行邮件合并的操作了。用户可以将文档合并到打印机上，也可以合并成一个新的文档，以Word文件的形式保存下来，供以后打印，下面我们将主文档和数据源合并到新文档。

☞ 操作步骤

（1）在邮件合并向导第五步单击"下一步：完成合并"，进入邮件合并向导第六步，如图7-20所示。

（2）在邮件合并向导第六步单击"合并"区域的"编辑个人信函"选项，打开"合并到新文档"对话框,如图7-21所示。

（3）在"合并记录"区域选择合并的范围，如果选择"全部"选项则合并全部的记录，如果选择"当前记录"则只合并当前的记录，还可以选择具体某几个记录进行合并。我们选择"全部"。

（4）单击"确定"按钮，则主文档将与数据源合并。

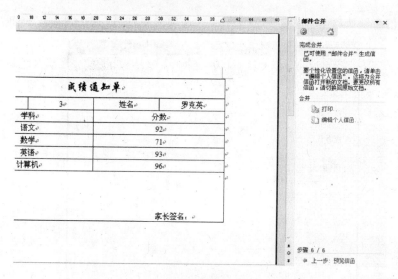

图 7-20

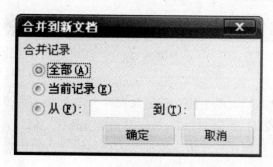

图 7-21

　　（5）单击"文件"菜单中的"保存"命令，打开"另存为"对话框，在对话框中设置文档的保存位置和文件名，单击"保存"按钮。

7.1.8　制作信封

　　创建完信函还要为这些信函制作信封，我们既可以用Word来设计和直接打印信封，也可以先设计出邮件标签，打印出来再把标签贴到信封上。下面我们先来制作信封。

　　❁ 使用文件：地址表.xls

　　☞ 操作步骤

　　（1）单击"工具"菜单中的"选项"菜单项，打开"选项"对话框，选择

"用户信息"选项卡，如图7-22所示。在选项卡中填写好自己的通讯地址。

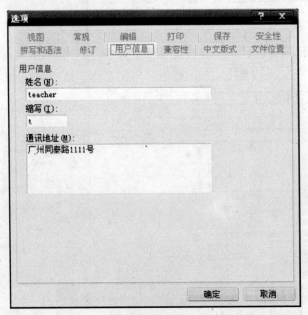

图 7-22

（2）单击"确定"按钮，完成个人信息的设置。

（3）单击"工具"菜单中的"信函和邮件"菜单项，单击其子菜单中的"信封和标签"，可以打开"信封和标签"对话框，选择"信封"选项，如图7-23所示。这时可以直接在"寄信人地址"文本框中输入新的地址，如果选择"省略"则不打印信封中的寄信人地址。

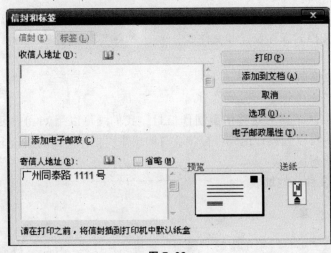

图 7-23

（4）新建一个空白文档。

（5）选择"工具"|"信函和邮件"|"邮件合并"，打开"邮件合并"任务窗格，选择"信封"选项。

（6）单击"下一步：正在启动文档"，进入邮件合并第二步，单击"信封选项…"，打开"信封选项"对话框，如图7-24所示，可以对信封尺寸及字体等进行设置。

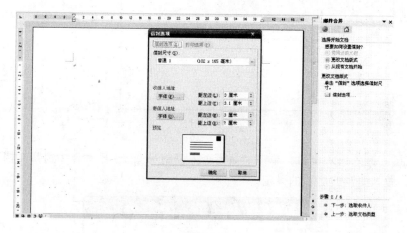

图 7-24

（7）单击"下一步：选取收件人"，进入邮件合并第三步，选取地址表.xls作为数据源，如图7-25所示。

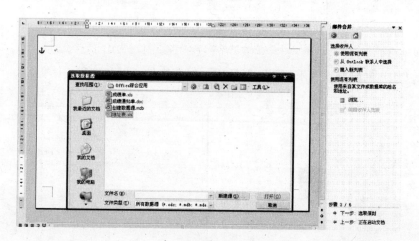

图 7-25

（8）进入第四步后，使用"其他项目…"在合适的位置插入合并域，如图7-26所示。

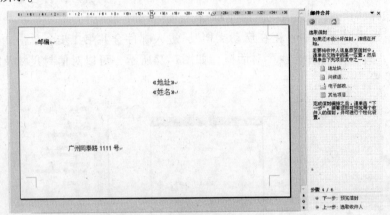

图 7-26

（9）进入第六步后，单击"编辑个人信封…"，打开"合并到新文档"对话框，做如图7-27所示的设定。

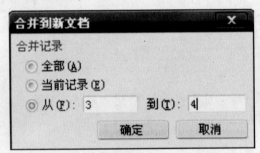

图 7-27

（10）最后完成效果如图7-28所示，保存文件，以备打印。

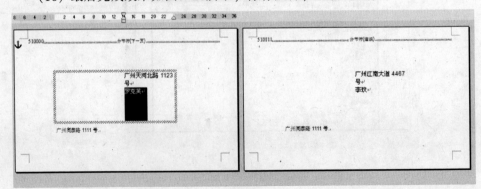

图 7-28

7.1.9 制作标签

下面我们来制作标签。

✷ 使用文件：地址表.xls

☞ 操作步骤

（1）新建一个空白文档。

（2）选择"工具"｜"信函和邮件"｜"邮件合并"，打开"邮件合并"任务窗格，选择"标签"选项。

（3）单击"下一步：正在启动文档"进入邮件合并第二步。

（4）单击"标签选项…"，打开"标签选项"对话框，可以选择或设定标签及页面的尺寸，如图7-29所示。

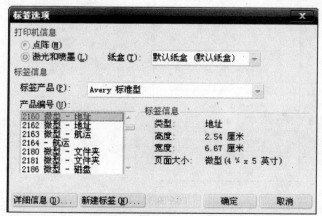

图 7-29

（5）采用默认值，单击"确定"按钮，结果如图7-30所示。

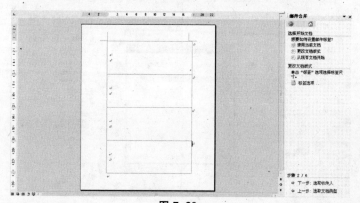

图 7-30

(6) 进入邮件合并第三步，选取地址表.xls作为数据源，如图7-31所示。

图 7-31

(7) 确定后结果如图7-32所示。

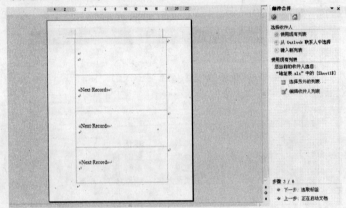

图 7-32

(8) 进入第四步后插入合并域如图7-33所示。

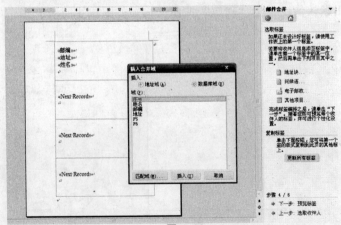

图 7-33

(9) 单击"更新所有标签"按钮,结果如图7-34所示。

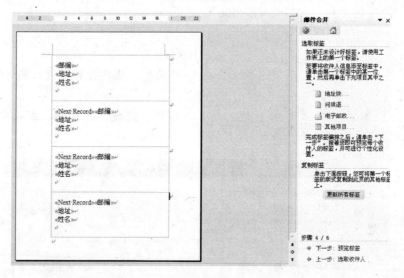

图 7-34

(10) 进入邮件合并第六步后,单击"编辑个人标签…",打开"合并到新文档"对话框,对合并记录进行设定,单击"确定"按钮,完成标签的制作。

(11) 保存文件,以备打印。

7.2 在Office文档中插入对象

在各种Office文档中都可以插入对象,对象分为链接对象和嵌入对象。链接对象和嵌入对象之间的主要差别在于数据存储与何处,以及在将数据放入目标文件后是如何进行更新的。在链接对象的情况下,只有在修改源文件时才会更新信息。链接的数据存储于源文件中,目标文件中仅储存源文件的地址,并显示链接数据的表象。如果用户比较注重文档大小,可以使用链接对象。在嵌入对象的情况下,修改源文件不会改目标文件中的信息。嵌入对象是目标文件的一部分,插入后与源文档没有任何关系。

7.2.1 在文档中插入新对象

用户可以在文档中插入一个新的对象,这样便能很容易地编辑源程序中的数据而不离开当前文档。下面，我们在Word文档中新建一个Excel工作表。

✽ 使用文件：比赛成绩表.doc

☞ 操作步骤

（1）打开Word文档"比赛成绩表.doc，将插入点定位在要插入嵌入对象的位置。

（2）单击"插入"|"对象"命令，打开"对象"对话框，单击"新建"选项卡，如图7–35所示。

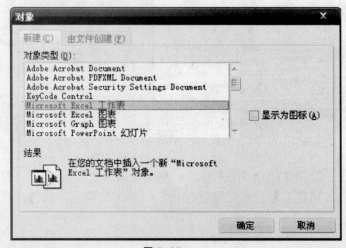

图 7–35

（3）在"对象类型"列表框中选择"Microsoft Excel工作表"选项。

（4）单击"确定"按钮即可在Word文档中插入Excel工作表。在Word文档中插入Excel工作表对象后，就会在当前窗口打开源程序窗口，当前窗口的菜单和工具栏被源程序窗口的菜单和工具栏替换。

（5）在源程序中用户可以对对象的数据进行修改。修改完毕，在程序外单击鼠标回到原状态。如果再次对对象中的数据进行编辑，双击嵌入对象就会在当前窗口打开源程序。

（6）保存并关闭文件。

7.2.2　在文档中插入文件对象

用户还可以在文档中根据已有文件在文档中插入对象，插入时，如果选中"链接"复选框，双击该对象会出现源程序窗口，在源程序中对数据进行编辑时将会反映到文档中的对象中。如果在没有打开文档时对源程序文件作了改动，同样会反映到文档中的对象中。如果选中“显示为图标”复选框，则对象显示为图标，双击图标也会打开源文件。如果要更改图标样式，单击“更改图标”按钮可以更改。下面我们在一个PowerPoint文档中分别插入一个已有的Excel文件和一个Word文件。

✲ 使用文件：计算机比赛成绩.ppt,比赛成绩表.xls

☞ 操作步骤

(1) 打开文档“计算机比赛成绩.ppt”，将插入点定位在第二张幻灯片。

(2) 单击“插入”|“对象”命令，打开“对象”对话框，选择“由文件创建”选项卡，如图7-36所示。

(3) 在“文件名”文本框中输入文件的全名，或者单击“浏览”按钮，在“浏览”对话框中的列表中选择文件“比赛成绩表.xls”。

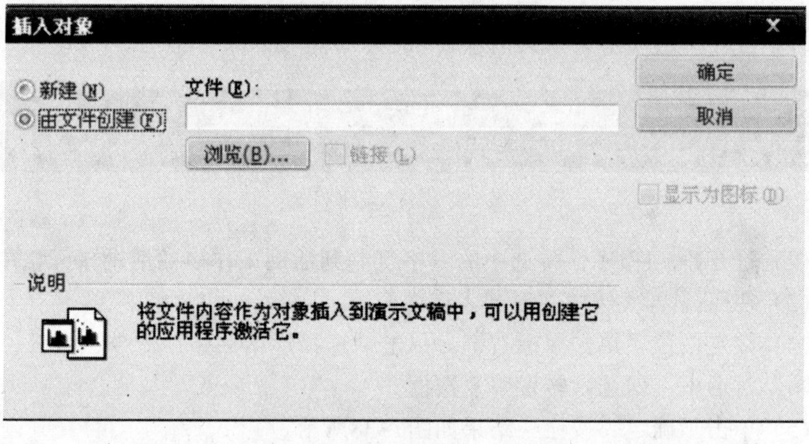

图 7-36

(4) 勾选“链接”复选框。单击“确定”按钮，回到PowerPoint编辑窗口。

(5) 双击插入对象，在Excel中打开文件“比赛成绩表.xls”。

(6) 在Excel中计算平均分，排出名次，进行简单的格式化操作。

(7) 回到PowerPoint窗口，适当调整对象的位置和大小。

(8) 分别保存和关闭文件“计算机比赛成绩.ppt”和“比赛成绩表.xls”。

7.3 Word与Excel的协作

Word与Excel是Microsoft Office组件中应用广泛的两个程序，两者各有所长，实际应用中，多有相互合作。

7.3.1 Word表格行列互换

在Word中，如果需要一常规方式进行表格的行列互换是很困难的，通过Excel的选择性粘贴方法可以方便地完成对表格的行列互换。

✽ 使用文件：个人相关信息表.doc

☞ 操作步骤

(1) 打开文档"个人相关信息表.doc"，选中如图7-37所示的表格。

姓名	出生年月	性别	班级	联系电话	家庭地址
程晨	1990年3月	男	二年一班	77889900	同泰路 1111 号

图 7-37

(2) 打开Excel程序，将选中的表格复制到活动工作表的活动单元格中。

(3) 在Excel再次选中并复制表格内容。

(4) 在空白位置单击鼠标右键，单击"选择性粘贴…"命令，打开"选择性粘贴"对话框，勾选"转置"复选框。

(5) 单击"确定"按钮，结果如图7-38所示。

姓名	程晨
出生年月	1990年3月
性别	男
班级	二年一班
联系电话	77889900
家庭地址	同 泰 路 1111号

图 7-38

（6）选中转置后的内容，复制到"个人相关信息表.doc"中恰当的位置，进行适当的格式修饰，如图7-39所示。

（7）保存并关闭文件。

个人相关信息表

姓名	程晨
出生年月	1990 年 3 月
性别	男
班级	二年一班
联系电话	77889900
家庭地址	同泰路 1111 号

图7-39

7.3.2　在Word中插入Excel图表

我们可以用前面介绍的插入对象的方法在Word中插入Excel图表，也可以用"复制"/"粘贴"的方法。

✱ **使用文件：比赛成绩表.doc，比赛成绩表.xls**

☞ **操作步骤**

（1）打开Excel工作簿"比赛成绩表.xls"，建立如图7-40所示图表。

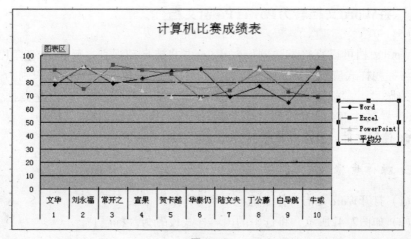

图7-40

（2）打开Word文档"比赛成绩表.doc"，将上面的Excel图表复制到恰当的位置。单击图表右下角的"粘贴选项"，如图7-41所示。

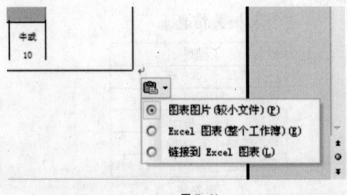

牛式

10

○ 图表图片(较小文件)(P)
○ Excel 图表(整个工作簿)(E)
○ 链接到 Excel 图表(L)

图 7-41

（3）默认值为"图表图片"，可以根据需要进行其他选择。

（4）关闭并保存文件。

7.4 Word与PowerPoint的协作

实际工作中，有时需要以幻灯片形式表达Word文档内容，有时需要以Word文档形式表达幻灯片中的内容。

7.4.1 将Word文档转为PowerPoint文档

Word文档可以直接发送到PowerPoint中并被自动识别。转换为幻灯片时，必须将标题样式应用于Word中的段落文本，如"标题1"文本将被识别为幻灯片中的题目，"标题2"文本将成为幻灯片中的第一级文本，依此类推。但"正文"样式并不会被转换到幻灯片中。

❀ 使用文件：什么是电子商务.doc

☞ 操作步骤

（1）打开Word文档"什么是电子商务.doc"。

（2）如图7-42所示，将选中的内容样式设置为"标题1"。

（3）将其他部分的内容设置为"标题2"。

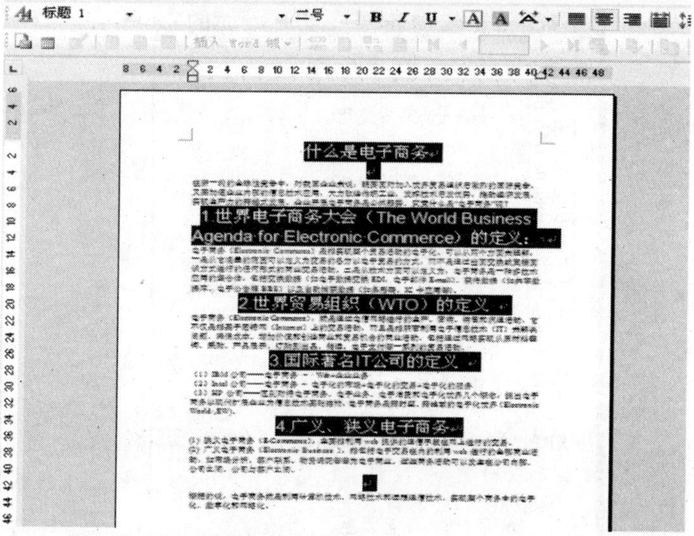

图 7-42

（4）单击“文件”|“发送”|“Microsoft Office PowerPoint”命令。
（5）自动生成演示文稿。
（6）对幻灯片文件进行适当的编辑整理，保存并关闭文件。

7.4.2 将PowerPoint文档转为Word文档

在PowerPoint中，可以将幻灯片以指定方式发送到Word中。

✻ 使用文件：GPS系统工作原理.ppt

☞ **操作步骤**

（1）打开PowerPoint幻灯片文件“GPS系统工作原理.ppt”。
（2）单击“文件”|“发送”|“Microsoft Office Word”命令。
（3）打开“发送到Microsoft Office Word”对话框，如图7-43所示。
（4）选中“只使用大纲”单选框，单击“确定”按钮。
（5）自动生成Word文档。
（6）对Word文档进行适当的格式化操作，保存并关闭文件。

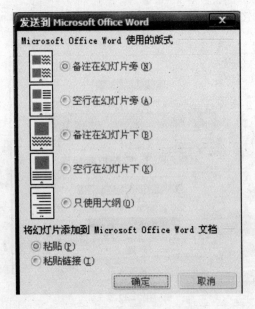

图 7-43

7.5 综合练习

任务一 电信部门需要向文件"欠费记录表.xls"中"欠费金额"在400元以上的用户发出缴费通知。请你用邮件合并的方法，制作相关的信函。信函样文如图7-44所示，其中的落款时间为当前日期，缴费时间自定。要求依据"欠费金额"按递增的顺序排列。

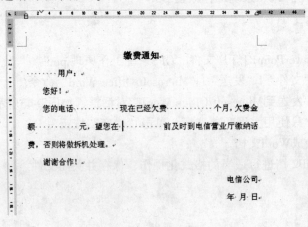

图 7-44

❋ **使用文件：欠费名单.xls**

　　任务二　将文档"广州宗教文化之旅 .doc"进行恰当的样式设置，然后发送为如图7-45所示的PowerPoint演示文稿，再对PowerPoint演示文稿进行加工，要求使用恰当的幻灯片版式和模板，上网搜索文中宗教场所的图片并酌情加入、加上正确的超级链接和动作按钮，成为一个完整的PowerPoint作品，以文件名"广州宗教文化之旅.ppt"保存。

❋ **使用文件：广州宗教文化之旅.doc**

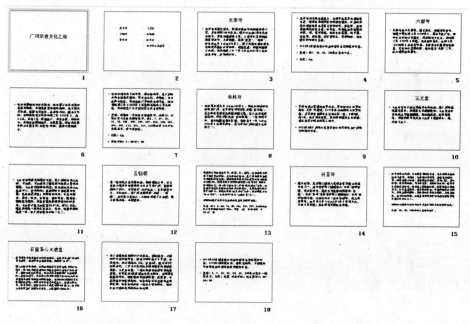

图 7-45